服装制板师岗位实训

（下册）

胡莉虹　张华玲　编著

中国纺织出版社

内 容 提 要

本书遵循"以服务为宗旨，以就业为导向"的教育理念，设置童装制板和男休闲装制板两大模块，以企业真实的生产订单为原始素材，采用"订单式"工作过程导向设计编排。即以完成某订单生产任务为工作项目，按实际生产中工作流程的顺序，以"流程化"的方式编排教材，以应对工作过程中实际应用的技术理论和技能训练，突出企业生产订单素材的人文加工、操作的人性关怀，达到掌握专业知识、岗位技能和职业素质三方面综合能力的目的。

本书可作为中高职院校服装专业培养中高等应用型、技能型人才的教学用书，也可作为服装企业技术人员的专业参考书及培训用书。

图书在版编目（CIP）数据

服装制板师岗位实训. 下册 / 胡莉虹，张华玲编著. -- 北京：中国纺织出版社，2018.4

ISBN 978-7-5180-4812-0

Ⅰ. ①服… Ⅱ. ①胡… ②张… Ⅲ. ①服装量裁—岗位培训—教材 Ⅳ. ① TS941.631

中国版本图书馆 CIP 数据核字（2018）第 049995 号

责任编辑：宗 静　　特约编辑：何丹丹　　责任校对：王花妮
责任设计：何 建　　责任印制：何 建

中国纺织出版社出版发行
地址：北京市朝阳区百子湾东里A407号楼　邮政编码：100124
销售电话：010-67004422　传真：010-87155801
http：//www.c-textilep.com
E-mail：faxing@c-textilep.com
中国纺织出版社天猫旗舰店
官方微博 http：//weibo.com/2119887771
北京玺诚印务有限公司印刷　各地新华书店经销
2018年4月第1版第1次印刷
开本：787×1092　1/16　印张：22.25
字数：357千字　定价：52.00元

前言

　　服装制板师岗位是服装企业非常重要和核心的技术工种，它是服装由设计构思到成批生产过程中的关键环节。

　　本书遵循"以服务为宗旨，以就业为导向"的教育理念，打破了以往制板书以传统典型的服装款式为案例的编写模式，而以企业最新真实的订单为原始素材，采用"订单式"工作过程导向设计编排，即以完成某订单生产任务为工作项目，按实际生产中工作流程的顺序，以"流程化"的方式编排书籍。"订单式"项目设计直接将企业真实的生产订单和工作流程纳入实训项目，使学习者能真实感受企业制板工作实际，实现教学过程与工作过程的融合，以适应就业岗位的需求。每个订单任务的内容都按企业制板生产流程编排，以对应工作过程中实际应用的技术理论和技能训练，使学习者对工作岗位流程一目了然，有利于学习的连贯性。任务实施过程通过"想一想""试一试""重点提示""拓展知识"等人性化文字，改变传统制板书的抽象枯燥性，突出企业生产订单素材的人文加工、操作的人性关怀，深入浅出，使学习者能真实感受企业制板工作实际，掌握专业知识、岗位技能和职业素质三方面综合能力。

　　本书内容不局限于女装、男装等某个品类，而是根据服装产业经济特点，开发品种导向型定制化模块式体系，即针对服装产品品种开发相应模块的岗位实训内容，如开发针织女装制板模块、童装制板模块、男休闲装模块等，其中童装制板模块下设置 0～3 岁婴幼儿模块、4～6 岁小童模块、7～12 岁中童模块，多种模块式内容可定制选择，学习者可根据个人发展需求选择某个产品模块内容，进行有针对性地学习和训练，大大地提高学习效率。

　　由于编者的水平有限，本书难免有欠缺和错漏之处，恳请各位读者和专家不吝指教，以便在修订时改进和完善。

编著者

2017 年 8 月

目录

基础模块：
服装制板基础

模块一　童装制板基础

学习目标

1. 认识儿童生理、心理特征与体型特点。
2. 掌握儿童体测量和号型规格设计。
3. 掌握童装结构设计原理与方法。

学习重点

1. 童装号型规格设计方法。
2. 童装定寸法和原型法的制图原理和方法。

项目一　儿童生理、心理特征与体型特点

儿童从 0 岁到 16 岁期间在不断地发育成长，体型变化非常大，同时生理和心理也在不断地发生变化，这个时期可分为婴儿期、幼儿期、小童期、中童期、大童期 5 个时期，目前市场上的童装主要根据这 5 个不同时期进行分类设计。

一、婴儿期

婴儿期是指 0 ~ 1 岁之间。

（一）生理、心理特征

这一时期的婴儿各项器官发育不完善，功能不成熟，但生长发育迅速，新陈代谢旺盛，服装以满足生理需求为首要功能，侧重部位的开口设计，如领子、门襟、裤裆等的开口设计，以方便婴儿穿脱，面料多选用纯棉，开口处以绑带、按扣、魔术贴为主选，尽量不用纽扣、拉链等硬质材料，以免伤及婴儿。

（二）体型特点

新生儿体高约为 50 ~ 55cm，到 1 岁时可增高为 80cm 左右，一般头大身小，体长约为 4 个头高，在几个主要围度尺寸上，头围是最大的，因此服装领口尺寸在设置时一定要注

意考虑头围尺寸，而下半身因为要包扎尿布，如果没有开口设计，臀围、摆围尺寸要增加放松量。

二、幼儿期

幼儿期是指 1 ~ 3 岁之间。

（一）生理、心理特征

这一时期的幼儿身高发育较快，对周围事物有较强的好奇心，喜欢活动，因此服装的胸、腰、臀围要宽松些，减少披挂式装饰，领子较低矮或无领，以方便儿童活动。

（二）体型特点

幼儿体高大约 80 ~ 95cm，体长约为 4 个半头高，身体多呈纺锤形，腰腹凸起，裙子、裤子腰头多使用松紧带，方便穿脱和活动。

三、小童期

小童期是指 4 ~ 7 岁之间。

（一）生理、心理特征

这一时期的儿童又称学龄前儿童，户外活动时间更多，下半身发育较快，所以服装长度要考虑可调节长度，如背带、吊带设计等，增加口袋以方便装手帕之类的物品。

（二）体型特点

小童体高大约 100 ~ 115cm，体长约为 5 个头高，四肢发育较快，服装多有裤口、袖口翻边设计，可根据需要调节长短。

四、中童期

中童期是指 8 ~ 12 岁之间。

（一）生理、心理特征

这一时期的儿童以学校活动为主，服装多简洁大方，款式以廓型变化为主，侧重领型和口袋的设计，讲究实用性。

（二）体型特点

中童体高大约 120 ～ 145cm，体长约为 6 个头高，腰部开始收细，胸、腰、臀围变化明显，逐渐显示出男、女不同的性别特征，男童肩部比女童肩部宽大，女童胸部、臀部比男童丰满，服装也明显出现男女装分类。

五、大童期

大童期是指 13 ～ 16 岁之间。

（一）生理、心理特征

这一时期的儿童身高、体重迅速增长，第二性特征先后出现，成人感意识开始出现，追求个性独立，服装具有成人化特点。

（二）体型特点

大童体高大约 150 ～ 160cm，体长约为 7 个头高，接近成人体型，出现较明显的男、女性别特征，服装设计一般多参照成年人规格尺寸进行设计。

项目二　儿童体测量与号型

一、儿童体测量的主要部位

通过对儿童身体测量有关部位的长度、围度和宽度得到的尺寸是童装设计的依据。测量方法如图 1-1 所示。

（一）长度测量

长度测量大多采取立姿赤足的方式，适用于 1 岁以上的儿童，对于 0 ～ 1 岁的婴幼儿则采用卧姿赤足的方式。

1. **身高**
立姿赤足，背靠人体测高仪，测量自头顶到地面的垂直距离。

2. **颈椎点高**
立姿赤足，背靠人体测高仪，测量自第七颈椎点至足底即地面所得的垂直距离。

3. **腰围高**
立姿赤足，背靠人体测高仪，测量自腰围线至足底即地面所得的垂直距离。

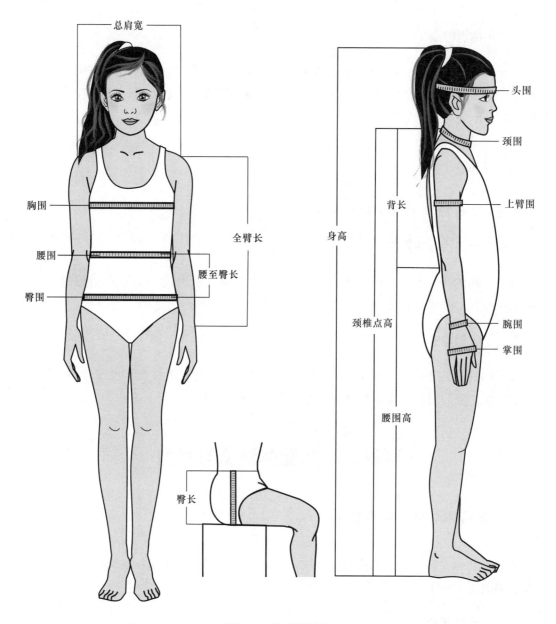

图 1-1　儿童体测量

4. 背长

立姿赤足，用软尺测量，从第七颈椎点沿脊椎曲线至腰围线的距离。

5. 腰至臀长

立姿赤足，用软尺测量自腰围线沿臀部曲线至臀部最丰满处的距离。

6. 臀长

坐姿，用软尺在体侧测量，自腰围线至凳子平面的距离。

7. 全臂长

立姿赤足，手臂自然下垂，用软尺测量肩端点至腕骨点的距离。

（二）围度测量

1. 头围

立姿或坐姿，用软尺齐双眉上缘，水平经枕骨左右对称环绕一周所得的围度尺寸。

2. 颈围

立姿赤足，用软尺测量，在第七颈椎处绕颈一周所得的围度尺寸。

3. 胸围

立姿赤足，自然呼吸，用软尺测量，经乳点、腋窝、肩胛骨水平围量一周所得的尺寸。

4. 腰围

立姿赤足，自然呼吸，用软尺测量腰部位置的水平围度。

5. 臀围

立姿赤足，用软尺测量臀部最丰满处的水平围度。

6. 上臂围

软尺绕上臂最粗处围量一周。

7. 腕围

软尺绕手腕围量一周。

8. 掌围

五指自然并拢，软尺绕手掌最宽处围量一周。

（三）宽度测量

总肩宽

立姿赤足，用软尺测量，从左肩端点经过第七颈椎点至右肩端点所得的弧长。

二、儿童体号型

根据我国服装 GB/T 1335·3—2009 标准规定，儿童体号型分成三段，第一段为身高 52 ～ 80cm 婴幼儿阶段，"号"以 7cm 分档，胸围以 4cm 分档，腰围以 3cm 分档，将上装组成 7·4 号型系列，下装组成 7·3 号型系列，见表 1–1；第二段为身高 80 ～ 130cm 的儿童，"号"以 10cm 分档，胸围以 4cm 分档，腰围以 3cm 分档，将上装组成 10·4 号型系列，下装组成 10·3 号型系列，见表 1–2；第三段为身高 130 ～ 160cm 的儿童，分男童和女童号型，"号"以 5cm 分档，胸围以 4cm 分档，腰围以 3cm 分档，将上装组成 5·4 号型系列，下装组成 5·3 号型系列，见表 1–3、表 1–4。

表1-1　婴儿（身高52~80cm）号型系列　　　　　　　　　　单位：cm

部位 / 数值	号	52	59	66	73	80
上装	胸围	40	40	40		
			44	44	44	
				48	48	48
下装	腰围	41	41	41		
			44	44	44	
				47	47	47

表1-2　儿童（身高80~130cm）号型系列　　　　　　　　　　单位：cm

部位	数值 / 号	80	90	100	110	120	130
长度	身高	80	90	100	110	120	130
	坐姿颈椎点高	30	34	38	42	46	50
	全臂长	25	28	31	34	37	40
	腰围高	44	51	58	65	72	79
围度	胸围	48	52	56	60	64	68
	颈围	24.2	25	25.8	26.6	27.4	28.2
	腰围	47	50	53	56	59	62
	臀围	49	54	59	64	69	73
宽度	总肩宽	24.4	26.2	28	29.8	31.6	33.4

表1-3　男童（身高135~160cm）号型系列　　　　　　　　　　单位：cm

部位	数值 / 号	135	140	145	150	155	160
长度	身高	135	140	145	150	155	160
	坐姿颈椎点高	49	51	53	55	57	59
	全臂长	44.5	46	47.5	49	50.5	52
	腰围高	83	86	89	92	95	98
围度	胸围	60	64	68	72	76	80
	颈围	29.5	30.5	31.5	32.5	33.5	34.5
	腰围	54	57	60	63	66	69
	臀围	64	68.5	73	77.5	82	86.5
宽度	总肩宽	34.6	35.8	37	38.2	39.4	40.6

表1-4　女童（身高135～155cm）号型系列　　　　　　　　单位：cm

部位	号＼数值	135	140	145	150	155
长度	身高	135	140	145	150	155
	坐姿颈椎点高	50	52	54	56	58
	全臂长	43	44.5	46	47.5	49
	腰围高	84	87	90	93	96
围度	胸围	60	64	68	72	76
	颈围	28	29	30	31	32
	腰围	52	55	58	61	64
	臀围	66	70.5	75	79.5	84
宽度	总肩宽	33.8	35	36.2	37.4	38.6

项目三　童装号型规格设计

服装号型规格设计通常以表格形式列出成衣号型系列、各控制部位名称和尺寸。

一、确定童装号型系列

我国对儿童体号型的规定是成衣生产和消费者使用的参考依据，在实际生产中，企业还会根据客户订单要求和市场需求制定号型，一般分为年龄码和身高码，年龄0～3岁婴幼儿服装多采用年龄码，欧美外贸订单中通常会用字母表示，M表示月，6M就是适合6个月左右的儿童穿着，见表1-5；Y表示年，2Y就是适合2岁左右的儿童穿着；身高码是以号表示，80号就是适合身高80cm左右的儿童穿着，4岁以上的儿童多采用身高码。如果是外贸产品还要考虑不同国家地区的号型。

二、确定基础样板号型

基础样板即中间体号型确定，主要选择适应目标消费群体较多的号型，这个号型的样板通常会被制作成样衣，检验复核以后将作为样板缩放的基础，最后投入批量化生产。表1-5为0～1岁婴儿服装号型，采用6个月作为中间体号型。

表1-5　婴儿服装号型系列　　　　　　　　　　　　　　单位：cm

月龄\部位	3个月	6个月	9个月	12个月
衣长（肩颈点至底边）	24.5	26	27.5	29
1/2胸围	23	24	25	26
小肩长	5	5.5	6	6.5
领宽	10	10.5	11	11.5
后领深	1.5	1.5	1.5	1.5
前领深	3	3	3.5	3.5
袖长	16	17.5	19.5	21.5
袖口宽	5.5	6	6.5	7

三、确定童装号型规格控制部位尺寸

国家服装号型标准中确定了儿童人体中10个主要部位的数值系列，其中作为童装长度参考依据的有：身高、颈椎点高、坐姿颈椎点高、全臂长和腰围高；作为围度参考依据的有：胸围、腰围、臀围和颈围；作为宽度参考依据的有；总肩宽。服装号型规格控制部位尺寸都可以在标准中找到相应的数值依据，确定时一般先长度后围度，先整体后局部。

（一）童装长度尺寸设计

童装长度尺寸一般参照身高，儿童短裤长约等于身高的30%；儿童衬衫长约等于身高的50%；儿童长裤长约等于身高的75%；儿童夹克衫长约等于身高的49%；儿童西装长约等于身高的53%；儿童长大衣长约等于身高的70%；女童连衣裙长约等于身高的78%。如身高100cm的儿童，衬衫长度为100cm的50%即50cm。儿童发育快，在长度设计除了考虑服装款式以外，要为儿童身体成长留有余地，可适当增长长度。

（二）童装围度和宽度尺寸设计

考虑到儿童生长和活动需要，一般童装均较宽松，围度和宽度尺寸加放量较大，机织物围度加放量均在8cm以上。若是套头服装要注意考虑头围尺寸。

童装长度、围度和宽度控制部位参考尺寸见表1-6。

四、童装规格系列的组成

童装规格系列是以基础样板或中间码为中心，按各部位分档数值，左右依次递增或递

减组成规格系列。一般童装主要控制部位规格系列可参照国家服装号型标准设置分档数，见表1–5，半胸围分档数为1，以6个月为中间体，向左右依次递增递减得到23、24、25、26成品胸围系列。除此之外，其他局部如袋长、袖口等数值主要在最大规格和最小规格之间有较小档数变化，中间系列规格相差较小，数值可设置为相同的，表1–5所示的后领深相同。

表1-6　童装参考尺寸规格表　　　　单位：cm

部位\年龄	身高	胸围男	胸围女	腰围男	腰围女	臀围男	臀围女	头围	背长男	背长女	袖长男	袖长女	肩宽男	肩宽女	臀长男	臀长女
1	80	48		47		48		48	19		24		23		20	
2	90	50		48		50		50	21		27		24		20	
3	95	52		50		53		52	23		30		25		20	
4	100	54		51		55		53	25		32		26		20	
5	105	56		52		57		53	26		34		27		21	
6	110	58		53		60		54	27		36		28		21	
7	115	60		55		63		55	28		38		29		21	
8	120	男63	女61	男58	女56	男64	女67	55	男30	女29	男41	女41	男30	女30	男21	女22
9	125	65	63	60	58	67	70	55	32	30	43	43	31	31	22	23
10	130	67	67	62	60	70	74	55	33	31	45	45	33	32	23	24
11	140	69	70	64	62	72	77	56	35	33	46	47	35	33	23	25
12	145	72	74	65	64	75	82	56	37	36	49	49	37	34	23	25
13	150	75	78	67	64	79	85	56	40	37	52	50	39	35	23	26
14	155	78	80	69	64	83	85	56	41	37	53	51	40	36	23	26
15	160	82	81	71	64	86	86	56	42	38	55	52	41	37	24	26

项目四　童装结构设计原理与方法

　　服装基础样板结构设计的方法有很多，常用的方法有立体裁剪法、短寸法、定寸法、比例法、原型法等，在实际应用中，可根据需要选择，以能快速、方便、准确制作出样板为宜。童装为了适合儿童成长发育和活动方便的需要，款式多较宽松，对合体度要求不高，工艺制作相对简单，结构线多采用直线，较常用的方法有定寸法和原型法。

一、定寸法

定寸法一般适合对外加工生产的服装，这种方法是由客户提供样衣和尺寸，依据样衣测量的尺寸逐一绘制衣片相应的部位，有些细节部分没有提供尺寸，可自行测量，制板打样尽量接近样衣，由于童装工艺处理较简单，样衣基本能保持样片的形状，由样衣测量的尺寸多较符合样板，这种方法在童装中使用较广泛，尤其是 0～3 岁婴幼儿服装。

二、原型法

我国人体体型与日本接近，多采用日本原型，日本文化式原型因体型覆盖率广、量体尺寸少、容易记忆，被应用较广泛。本教材童装原型法采用的是日本文化式儿童原型，童装原型法适合自主开发生产的服装和适合 4 岁以上儿童童装。

（一）儿童原型规格

儿童原型采用胸度式作图法，分衣身原型和袖原型，规格根据我国服装标准《GB/T 1335.3—2008 服装号型 儿童》中相关的数据，这里选择的号型是 100/54，身高 100cm，胸围 54cm，背长 25cm，袖长 31.5cm。

（二）儿童原型制图

1. 儿童衣身原型制图

儿童衣身原型的绘制步骤如图 1–2 所示。

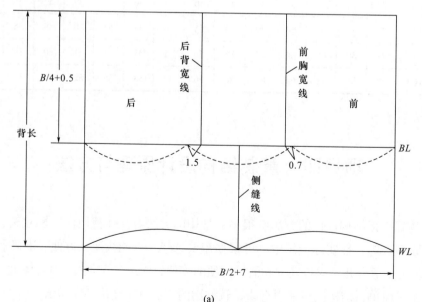

(a)

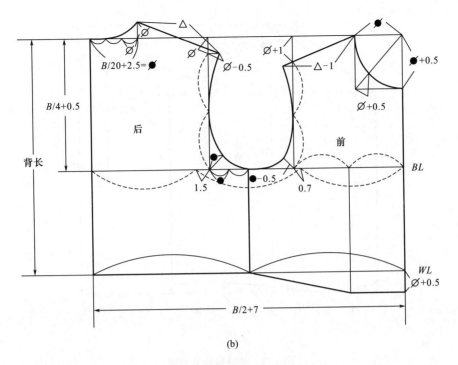

(b)

图1-2　儿童衣身原型制图

2. 儿童袖原型制图

儿童袖原型的绘制步骤如图1-3所示。

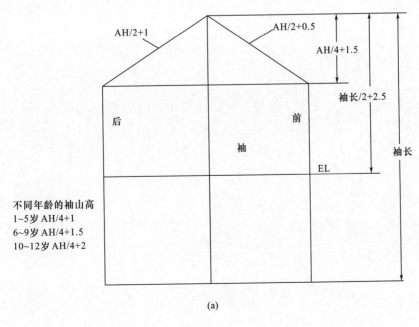

(a)

图1-3

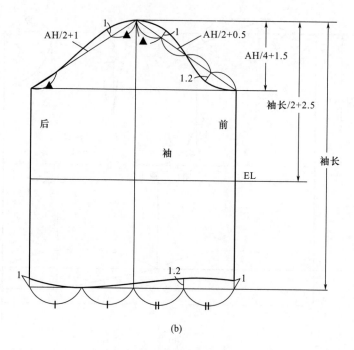

(b)

图 1-3　儿童袖原型制图

模块二　男休闲装制板基础

学习目标

1．认识男休闲装特点。

2．掌握成年男子人体测量和号型规格设计。

3．掌握男休闲装结构设计原理与方法。

学习重点

1．男休闲装号型规格设计方法。

2．男休闲装基本型的制图原理和方法。

项目一　男休闲装特点

一、款式稳定性

由于男性在现代社会活动中扮演着非常重要的角色，男装一直具有社交礼仪的作用，大多以西服、衬衫、西裤为正装。但近年来人们越来越注重健康、自然的生活状态，牛仔装、运动装、夹克衫、T恤衫等男休闲装非常流行，商务休闲服步入了商务办公领域。男装不像女装造型变化多样，款式相对稳定，整体造型多呈 V 型、H 型，以上衣和裤装为主，结构线大多呈直线，符合男性起伏较小的体型特点。

二、面料功能性

男休闲装追求舒适、方便活动，面料注重吸湿透气、坚牢耐磨等功能性，面料呈多元化，即多种纤维原料的混纺、交织，混纺复合面料更加柔软、有弹性，尺寸稳定性好。

三、工艺技术性

男休闲装的功能性特点使得男休闲装的整体款式相对稳定，男休闲装注重结构细节上的工艺和技术，如领子、袖子、口袋、门襟等局部结构常被作为男休闲装的设计重点，

图 2-1 所示的两个裤子的口袋虽然都是挖袋，但是袋嵌上的细部工艺不同，呈现出细微的结构变化。还有些口袋是隐藏在内部结构里，如图 2-2 所示，工艺技术上的讲究提升了男休闲装的档次。与相对稳定的款式、层出不穷的面料相比，技术工艺手段的创新和运用难度更大，这既是当前男休闲装的发展趋势，也是男休闲装制板的难度所在。

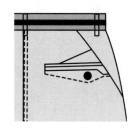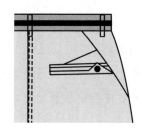

图 2-1　男裤装口袋

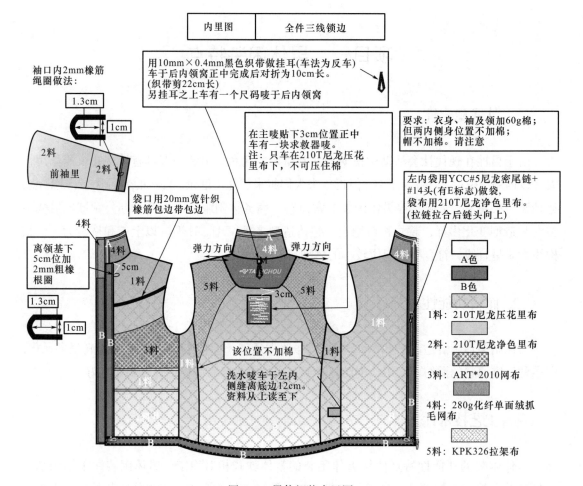

图 2-2　男休闲装内里图

项目二　成年男子人体测量与号型

一、成年男子人体测量的主要部位

成年男子人体测量一般常用的测量工具有软尺、人体测高仪等。测量人体时，要求被测量者穿着质地薄而软的贴身内衣，赤足站立，两眼平视，两臂自然下垂，呼吸自然、姿态端正，如图 2-3 所示。测量时，软尺要保持平衡，松紧适宜。

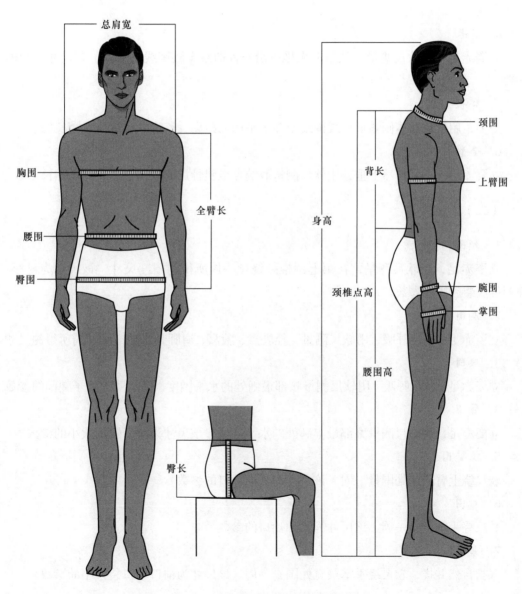

图 2-3　成年男子人体测量主要部位

（一）长度测量

1. 身高

立姿赤足，背靠人体测高仪，测量自头顶到地面的垂直距离。

2. 颈椎点高

立姿赤足，背靠人体测高仪，测量自第七颈椎点至足底即地面所得的垂直距离。该尺寸为夹克、风衣等服装后衣长的参数。

3. 腰围高

立姿赤足，背靠人体测高仪，测量自腰围线至足底即地面所得的垂直距离。该尺寸为长裤参数。

4. 背长

立姿赤足，用软尺测量，从第七颈椎点沿脊椎曲线至腰围线的距离。该尺寸为腰围线参数。

5. 臀长

坐姿，用软尺在体侧测量自腰围线至凳子平面的距离。该尺寸为裤子上裆长的参数。

6. 全臂长

立姿赤足，手臂自然下垂，用软尺测量肩端点至腕骨点的距离。该尺寸为袖长参数。

（二）围度测量

1. 颈围

立姿赤足，用软尺测量，在第七颈椎处绕颈一周所得的围度尺寸。该尺寸为衬衫、T恤衫等服装领围的参数。

2. 胸围

立姿赤足，自然呼吸，用软尺测量，经乳点、腋窝、肩胛骨水平围量一周所得的尺寸。

3. 腰围

立姿赤足，自然呼吸，用软尺测量腰部最细处的水平围度。该尺寸为裤子腰围的参数。

4. 臀围

立姿赤足，用软尺测量臀部最丰满处的水平围度。该尺寸为裤子臀围大小的参数。

5. 上臂围

软尺绕上臂最粗处围量一周。该尺寸为短袖袖口的参数。

6. 腕围

软尺绕手腕围量一周。该尺寸为长袖袖口的参数。

7. 掌围

五指自然并拢，软尺绕手掌最宽处围量一周。该尺寸为袖口和口袋大小的参数。

（三）宽度测量

总肩宽：立姿，手臂自然下垂，用软尺从左肩端点经过第七颈椎点至右肩端点所得的弧长。

二、成年男子号型

（一）体型分类

成年男性肩胸较宽厚，骨盆体积较小，胸腰围的数值差比较小，躯干部呈上宽下窄形态，因而男装多呈 H 型和 V 型造型。根据我国成年男性人体体型，国家标准根据成年男子胸腰差的数据值，将成年男子体型划分为 Y、A、B、C 四种体型，见表2-1。

表2-1　男子体型分类代号及范围　　　　　　　　　　　　　　　　单位：cm

体型分类代号	男子胸腰围之差	体型分类代号	男子胸腰围之差
Y	17～22	B	7～11
A	12～16	C	2～6

（二）成年男子服装号型系列

GB/T 1335·1—2008 成年男子服装号型系列是指国家对各类男装进行规格设计所作的统一技术规定，是以人体的身高为号，以胸围、腰围为型，以中间体型（成年男子身高 170cm、胸围 88cm、腰围 76cm）为中心，向两边依次递增或递减组成系列的，可作为男休闲装号型规格设计参考依据。

标准中规定男子上装有 5·4 和 5·3 两种系列，下装有 5·4、5·3 和 5·2 三种系列，其中前一个数字表示"号"的分档数，即相邻号的人体身高相差 5cm；后一位数字表示"型"的分档数，即每个型的人体胸围相差 4cm 和 3cm 或腰围相差 4cm、3cm 和 2cm，见表 2-2。

表2-2　男子服装各体型中间体主要控制部位尺寸及分档数值　　　　　　单位：cm

部位 \ 体型	Y 中间体	A 中间体	B 中间体	C 中间体	分档数值
身高	170	170	170	170	5
颈椎点高	145	145	145.5	146	4
坐姿颈椎点高	66.5	66.5	67	67.5	2
全臂长	55.5	55.5	55.5	55.5	1.5

部位＼体型	Y 中间体	A 中间体	B 中间体	C 中间体	分档数值
腰围高	103.5	102.5	102	102	3
胸围	88	88	92	96	4
颈围	36.4	36.8	38.2	39.6	1
腰围	70	76	84	92	2
臀围	90	92	95	97	1.6
总肩宽	44	43.6	44.4	45.2	1.2

项目三　男休闲装号型规格设计

男休闲装规格主要分为男休闲裤规格和男休闲上衣规格，以男装的典型代表品种男西裤和男西服的尺寸规格为参考依据，加放尺寸主要考虑面料弹性。

一、男休闲裤规格尺寸系列

我国 GB/T 1335·1—2008 成年男子服装号型系列标准中规定的成年男子西裤规格尺寸系列，可作为男休闲裤制板参考尺寸，其号型系列设置是以中间标准体：男子身高170cm，净腰围76cm，身高按5cm分档，腰围按2cm分档，向两边依次递增或递减组成，成年男子裤类成品主要部位规格尺寸见表2–3。

表2–3　成年男子裤类成品主要部位规格尺寸　　　　　　单位：cm

号	部位＼型	70	72	74	76	78	80	82
155	裤长	95	95	95	95			
	腰围	72	74	76	78			
	臀围	97.2	98.8	100.4	102			
160	裤长	98	98	98	98	98	98	
	腰围	72	74	76	78	80	82	
	臀围	97.2	98.8	100.4	102	103.6	105.2	
165	裤长	101	101	101	101	101	101	101
	腰围	72	74	76	78	80	82	84
	臀围	97.2	98.8	100.4	102	103.6	105.2	106.8

号 \ 型 部位		70	72	74	76	78	80	82
170	裤长	104	104	104	104	104	104	104
	腰围	72	74	76	78	80	82	84
	臀围	97.2	98.8	100.4	102	103.6	105.2	106.8
175	裤长	107	107	107	107	107	107	107
	腰围	72	74	76	78	80	82	84
	臀围	97.2	98.8	100.4	102	103.6	105.2	106.8
180	裤长	110	110	110	110	110	110	110
	腰围	72	74	76	78	80	82	84
	臀围	97.2	98.8	100.4	102	103.6	105.2	106.8
185	裤长		113	113	113	113	113	113
	腰围		74	76	78	80	82	84
	臀围		98.8	100.4	102	103.6	105.2	106.8
上裆		27.5	28	28.5	29	29.5	30	30.5

备注：1. 中间体170/76A；裤长=号×60%+2；腰围=型+2；臀围=净臀围+10

　　　2. 号分档为5cm；型分档为2cm；上裆分档为0.5cm；裤长分档为3cm；臀围分档为1.6cm

二、男休闲上衣主要部位规格

我国GB/T 1335·1—2008成年男子服装号型系列标准中规定的成年男子西服规格尺寸系列，可作为男休闲上衣规格尺寸参考依据，其号型系列设置是以中间标准体：男子身高170cm，净胸围88cm，身高按5cm分档，腰围按2cm分档，向两边依次递增或递减组成，成年男子上衣类成品主要部位规格尺寸见表2-4。

表2-4　成年男子上衣类成品主要部位规格尺寸　　　　　　　单位：cm

号 \ 型 部位		76	80	84	88	92	96	100
155	衣长	68	68	68	68			
	胸围	94	98	102	106			
	肩宽	41	42.2	43.4	44.6			
	袖长	54.5	54.5	54.5	54.5			

续表

号	型 部位	76	80	84	88	92	96	100
160	衣长	70	70	70	70	70		
	胸围	94	98	102	106	110		
	肩宽	41	42.2	43.4	44.6	45.8		
	袖长	56	56	56	56	56		
165	衣长	72	72	72	72	72		
	胸围	94	98	102	106	110		
	肩宽	41	42.2	43.4	44.6	45.8		
	袖长	57.5	57.5	57.5	57.5	57.5		
170	衣长	74	74	74	74	74		
	胸围	94	98	102	106	110		
	肩宽	41	42.2	43.4	44.6	45.8		
	袖长	59	59	59	59	59		
175	衣长		76	76	76	76		
	胸围		98	102	106	110		
	肩宽		42.2	43.4	44.6	45.8		
	袖长		60.5	60.5	60.5	60.5		
180	衣长			78	78	78	78	
	胸围			102	106	110	114	
	肩宽			43.4	44.6	45.8	47	
	袖长			62	62	62	62	
185	衣长				80	80	80	80
	胸围				106	110	114	118
	肩宽				44.6	45.8	47	48.2
	袖长				63.5	63.5	63.5	63.5

备注：1. 中间体170/88A：衣长=号×40%+6=74；胸围=型+18=106；袖长=号×30%+8=59；肩宽=总肩宽（净体）+1=44.6

2. 号分档为5cm；型分档为4cm；衣长分档为2cm；胸围分档为4cm；肩宽分档为1.2cm；袖长分档为1.5cm

男休闲上衣一般具有造型宽松、自然舒适的特点，同样品种的服装，男装的放松量一般要比女装的大，在设置放松量时，以宜松不宜紧为原则，以突出男装大气潇洒的特点。

项目四 男休闲装结构设计原理与方法

男装造型款式变化不像女装复杂多变，结构设计方法主要采用原型法。男休闲装原型主要分男下装原型和男上装原型，男下装原型是以男休闲西裤中的直筒裤放松量、裤型、腰省等为基础结构设计的；男上装原型是以西服为代表的翻驳领上衣的放松量和领、肩、袖、撇胸等为基础结构设计的。男装程式化的特征，使得男装造型、款式设计变化相对较少，故使用男装原型及男装制板技法要比女装容易入门。

一、男裤原型

（一）制图规格

男裤原型是男裤结构变化的基础，规格根据我国服装标准 GB/T 1335·1—2008 男子服装号型中相关的数据，这里选择的号型是 170/76A，见表 2-2，净腰围 76cm，净臀围 92cm，男裤原型腰围加放 2 ~ 4cm，臀围加放 10 ~ 12cm，这里采用成品腰围 80cm，成品臀围 104cm，裤长 104cm，上裆 29cm，裤口宽 21cm，腰头宽 4cm。

（二）结构制图

男裤原型的绘制步骤如图 2-4 所示，先画前片，再在前片的基础上画后片，前、后片根据腰臀差分别设置 1 ~ 2 个省道。［图 2-4（b）中虚线部分为前片］

（三）男休闲裤原型结构变化原理和方法

在男裤原型基础上，裤子长度位置、裤腿形状和腰省转移变化可得到不同长短、造型的裤子结构，变化方法可参照针织女装制板基础。

二、男上装原型

（一）制图规格

男上装原型主要指衣身原型，规格根据我国服装标准 GB/T 1335·1—2008 男子服装号型中相关的数据，见表 2-2，这里选择的号型是 170/92A，净胸围 92cm，背长 42cm，衣身原型胸围加放 20cm，成品胸围 112cm。

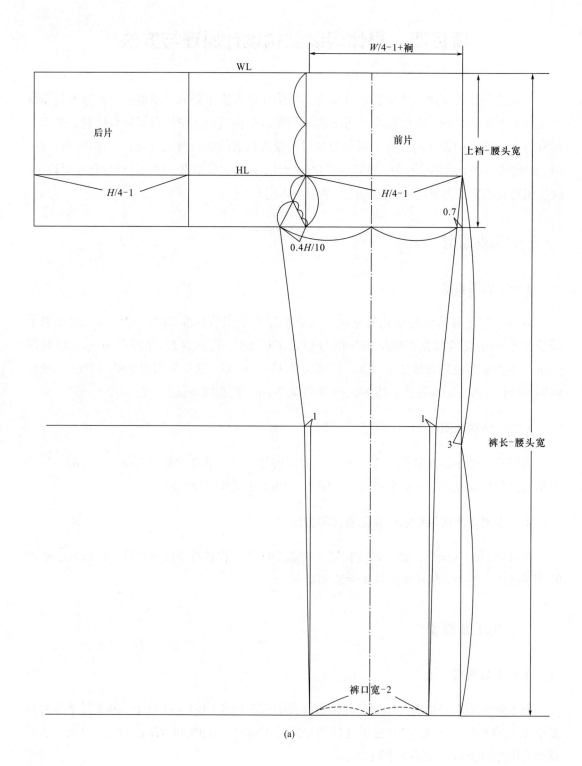

(a)

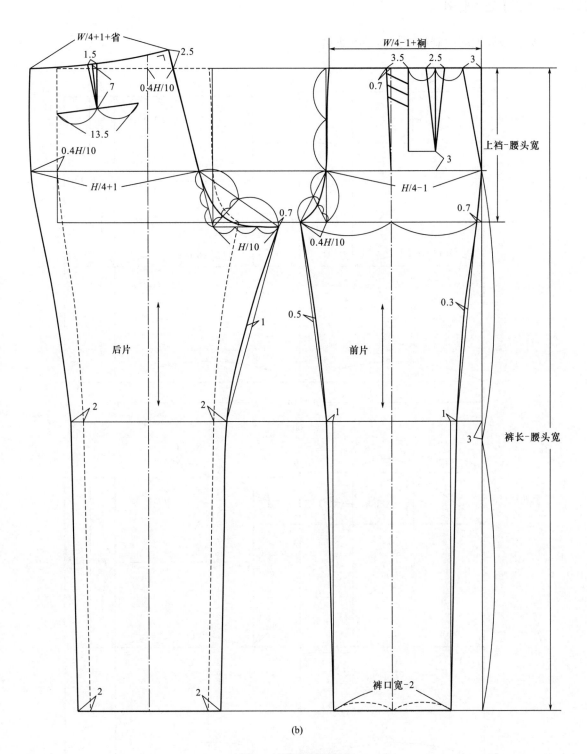

(b)

图 2-4　男裤原型制图

（二）结构制图

男上装原型的绘制步骤如图 2-5 所示。

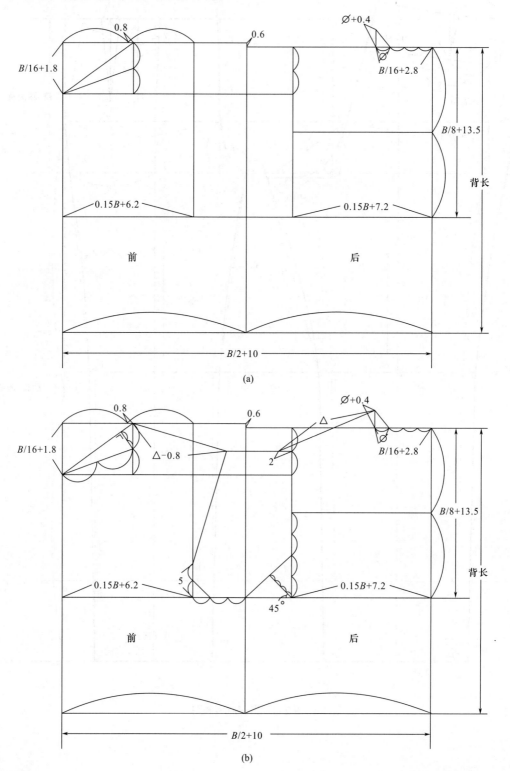

(a)

(b)

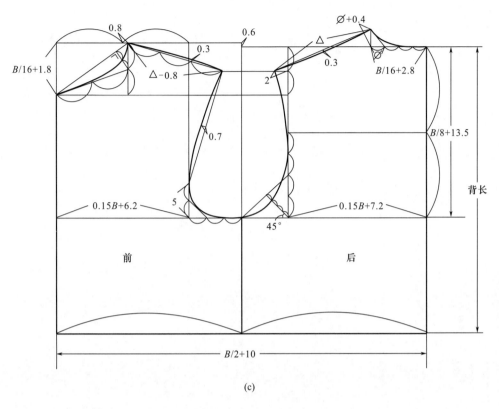

图2-5　男上装原型制图

（三）男上装原型结构变化原理和方法

男上装原型已包含 20cm 的胸围放松量，在使用原型进行男休闲上装结构变化时，可根据服装造型、面料，增减胸围放松量，同时配合腰围、摆围放松量的设定，实现男休闲装结构变化。男休闲装造型大多为 H 型，在采用无弹机织面料时，三围放松量参考表 2-5。

表2-5　H型男休闲装三围放松量参考表　　　　　　　　单位：cm

品种	成品胸围在原型基础上追加放松量	腰围放松量	摆围放松量	备注
衬衫	-6 ~ 0	不收腰或仅少量收腰	16 ~ 20	
便西服	-4 ~ 0	不收腰或仅少量收腰	16 ~ 20	成品胸围减少4cm时，可内穿紧身打底衣；追加10cm时可内穿较厚毛衣
夹克、户外装	2 ~ 8	不收腰	16 ~ 18	
风衣、大衣	4 ~ 8	不收腰或仅少量收腰	24 ~ 28	可套在上衣、西服、夹克外

实践模块一：

童装模块

模块三　0～3岁童装制板

学习目标

1. 认识0～3岁童装常见品种和结构特点。
2. 掌握0～3岁儿童的哈衣、哈裙、连体裤各款式的制板方法和流程。
3. 掌握0～3岁儿童样板号型的规格设置与放码规律。

学习重点

1. 0～3岁童装领口、门襟、裆部、裤口等部位开口的结构处理方法。
2. 0～3岁童装缝制工艺处理与缝份量加放关系。
3. 0～3岁童装在满足生理需求功能方面对板样结构的要求。

项目一　婴儿带围兜三角哈衣

━━ 流程一　服装分析 ━━

试一试：请认真观察表3-1所示的效果图，从以下几个方面对婴儿带围兜三角哈衣进行分析。

一、款式图分析（样衣分析）

（一）款式分析

1. **整体款式特点**
2. **领肩特点**
3. **裆部特点**

想一想：前后肩没有采用传统的缝合方式，而采用重叠开合的设计方式有什么作用？

前后肩采用重叠开合的设计方式，既通风凉爽，又能灵活打开领口，以适合婴儿头部穿脱需要。

表3-1　婴儿带围兜三角哈衣产品设计订单（一）

编号	TZ-301	品名	婴儿带围兜三角哈衣	季节	夏季

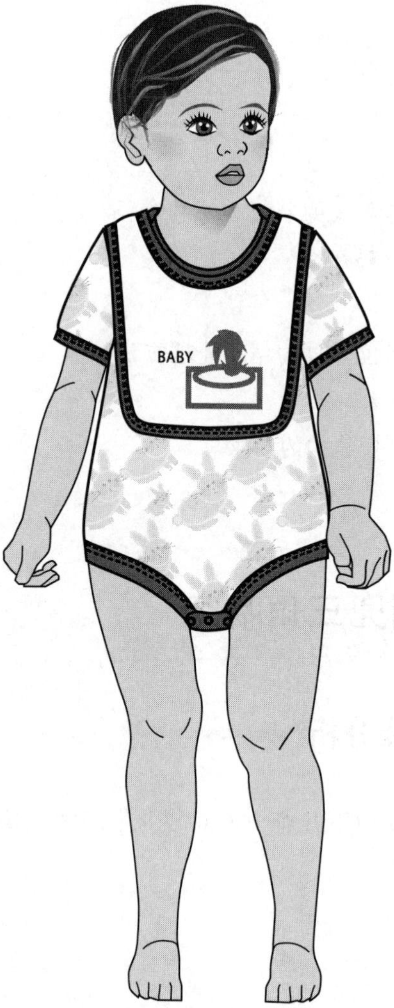

效果图

正视图

背视图

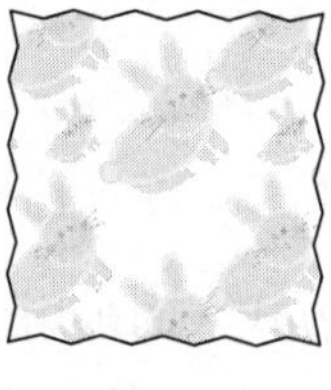

面料A　　　　　　面料B　　　　　　面料C

表3-2 婴儿带围兜三角哈衣产品设计订单（二）

编号	TZ-301	品名	婴儿带围兜三角哈衣		季节	夏季

尺寸规格表（单位：cm）				
月龄 部位	3个月	6个月	9个月	12个月
前衣长（肩颈点至裆）	36	38	40	42
后衣长（后领中至裆）	34	36	38	40
小肩长	6	6	6	6
胸围/2	23	24	25	26
领宽	10.5	11	11.5	12
袖长	8.5	9	9.5	10
袖口	15	15.5	16	16.5

款式说明

1. 整体款式特点：整体款式呈A型，上身较为合体，下身因穿戴尿布而较宽松
2. 领肩特点：从前后领口分别延伸到肩部，在肩部重叠以后连接到前后衣身袖窿处，形成重叠开合方式
3. 裆部特点：开裆，后裆向前延伸包住前裆，装3粒按扣开合，制作后裆片时需增加延伸的量和对搭量，前裆相应减去延伸的量

材料说明

1. 面料说明：衣身主要采用纯棉加厚型花色针织面料，纬向有弹性，经向无弹性，围度尺寸考虑加较少放松量，围兜用纯棉白色针织面料，领口、袖口、裤口、围兜外围滚边用纯棉染色针织面料
2. 辅料说明：滚条采用针织面料有弹性的纬纱方向，无需用斜料。裆部滚边上装3粒按扣，裆部滚边宽度尺寸要比其他部位大一倍

工艺说明

领口、袖口、裤口、围兜外围均采用滚边处理，压缉双明线，毛样板处理时这些地方都不用加放缝份

（二）材料分析

1. 面料分析

2. 辅料分析

想一想：滚条用有弹性的纬纱方向而不用斜料的优势在哪里？

滚条用有弹性的纬纱方向比用斜料节约用料。

拓展知识：围兜系带宜采用直料，可以防止带子经常被拉伸而变形。

（三）工艺分析

想一想：

（1）领口、袖口、裤口、围兜外围采用什么工艺处理方式？

采用滚边处理方式。

（2）采用滚边处理和采用贴边处理的毛样板缝份分别有什么不同？

滚边处理的毛样板部位不用加放缝份，而贴边处理的毛样板部位要加放缝份。

拓展知识：领口、袖口、裤口和围兜外围这些地方经常因为穿脱而被磨损，这些地方采用滚边处理，而不采用贴边处理，主要是因为滚边处理既能起加固作用，又节约用料。

二、尺寸规格设计

试一试：请自己先对该款式设计尺寸规格表，然后对照表3-2的尺寸规格表，分析主要部位尺寸设置的特点。

该款式规格采用月龄，分四档，各主要部位档差较小。上身较合体，且面料纬向有些弹性，所以胸围和小肩长的加放量较小，而衣长考虑佩戴尿布的功能需要，需加长较大的尺寸，一般增加 5 ~ 10cm 左右，中间板采用 6 个月的尺寸规格。

想一想：为什么各档的小肩长尺寸是一样的？

因为主要增大领圈尺寸以满足这个阶段婴儿头围增长较快的特点，小肩长尺寸一样，但总肩宽仍然是增大的。

━━━ 流程二　服装制板 ━━━

一、结构制图

试一试：请利用 6 个月童装原型（灰色部分为原型）进行结构制图。

注意先绘制后片，再绘制前片。

（一）前后片结构制图（图3-1）

制图关键：

（1）前后领肩重叠部位绘制。

（2）后裆和前裆的绘制。

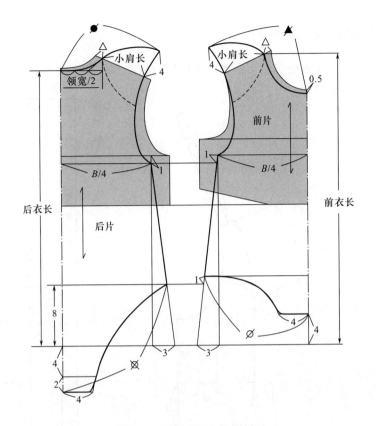

图 3-1　童装前后片结构制图

（二）袖片和零部件结构制图（图 3-2）

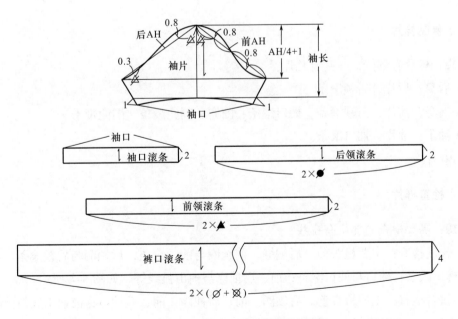

图 3-2　袖片和零部件结构制图

（三）围兜结构制图（图3-3）

想一想：为什么前片的袖窿深和侧摆要比后片的袖窿深、侧摆高1cm？

这1cm的量是为满足婴幼儿凸肚量。

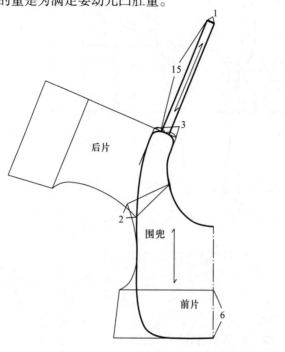

图3-3　围兜结构制图

二、样板制作

（一）复制样片

想一想：样片有哪些，一共有几片？

（1）后身：后片、后领滚条。

（2）前身：前片、前领滚条、裤口滚条、围兜、围兜滚条、围兜带子。

（3）袖子：袖片、袖口滚条。

共有10片。

（二）检查样片

想一想：需要检查的部位有哪些？

（1）长度检查：主要检查前、后侧缝；前领圈与前领滚条；后领圈与后领滚条；前、后裤口与裤口滚条；袖口与袖口滚条；前、后袖窿与袖山弧线等，如图3-4所示。

（2）拼合检查：主要检查前、后领圈；前、后袖窿；前、后裤口；前袖山底与前袖窿底；后袖山底与后袖窿底等，如图3-4所示。

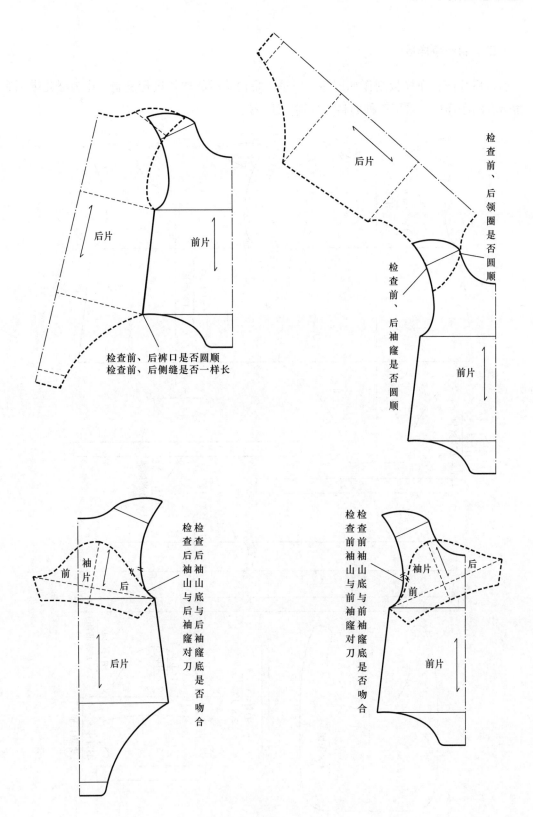

图3-4　检查样片

（三）制作净样板

前、后片面料净样板制作如图 3-5 所示，将检验后的样片进行复制，作为婴儿带围兜三角哈衣的净样板，采用三种面料要分别标注清楚。

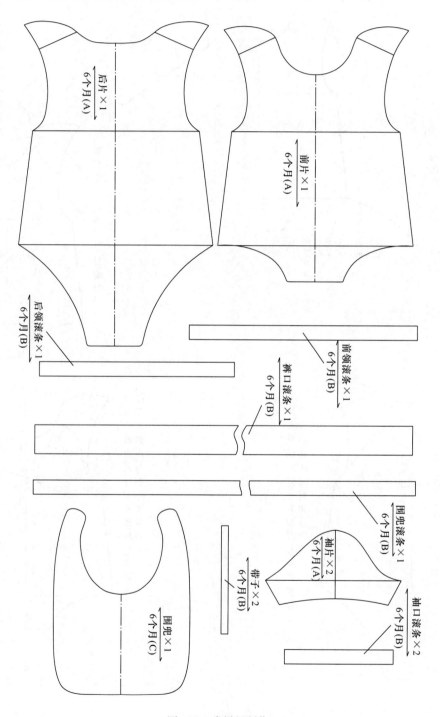

图 3-5　净样板制作

（四）制作毛样板

前、后片面料毛样板制作如图 3-6 所示，在婴儿带围兜三角哈衣的净样板上，按图 3-6 所示各缝边的缝份进行加放，注意有滚边的地方不加缝份。

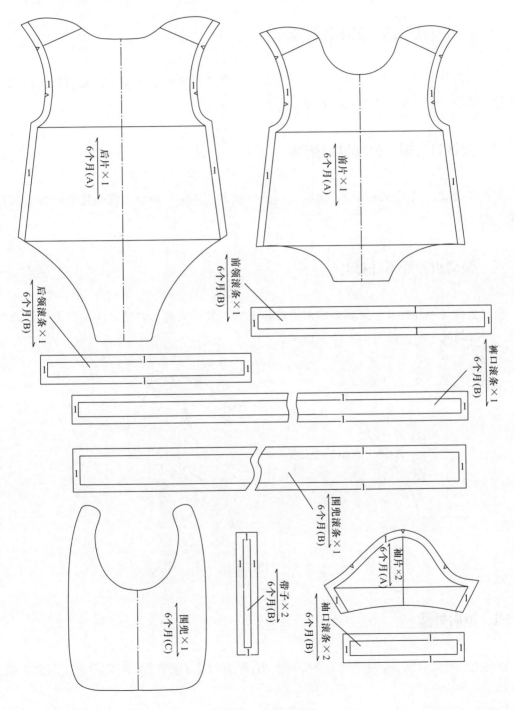

图 3-6 毛样板制作

━━ **流程三　样板检验** ━━

婴儿带围兜三角哈衣款式样衣常见弊病和样板修正方法有以下内容。

一、后裤口线外豁，包不住臀部

后裤口线往外豁，包不住臀部，原因是后裤口线太凹太长，调整方法是将后裤口线凹势和长度调小一点，如图 3-7（a）所示。

二、前裤口夹腿，出现横向褶皱

前裤口夹腿，出现横向褶皱，原因是前裤口线凹度不够，调整方法是将前裤口线凹势调大一点。

三、领肩重叠处不好打开

领肩重叠处不好打开，原因是领肩重叠量太大，领口太高，调整方法是将重叠量调小一点，领口调低一点，如图 3-7（b）所示。

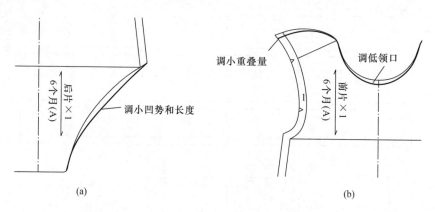

（a）　　　　　　　　　　　　　　　（b）

图 3-7　样板修正

四、领肩外豁

领肩重叠处会外豁，原因是领肩重叠量太小，领口太低，调整方法是将重叠量调大一点，领口调高一点。

样板修正以后要对样板再进行复核，包括长度检查、拼合检查，加放即将投产原材料的回缩量，注意根据三种面料的回缩率调整对应的样板。

流程四 样板缩放

一、基础样板的缩放

（一）前片基础样板缩放

前片基础样板各放码点的计算公式和数值，如图 3-8 所示（括号内为放码点数值）。

重点提示：领口连接肩的部分缩放量不好控制，一般不直接缩放，可将衣身样板先缩放以后，再拼接肩部。

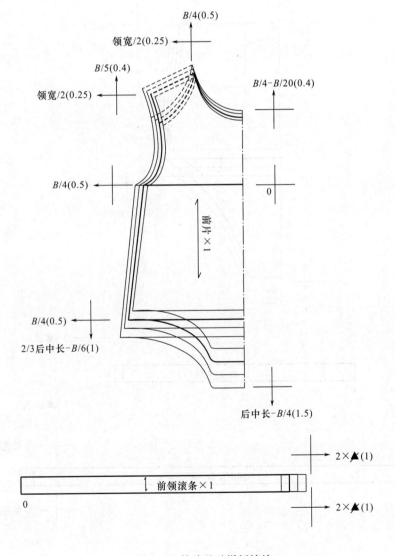

图 3-8 前片基础样板缩放

（二）后片基础样板缩放

后片基础样板各放码点的计算公式和数值，如图3-9所示（括号内为放码点数值）。

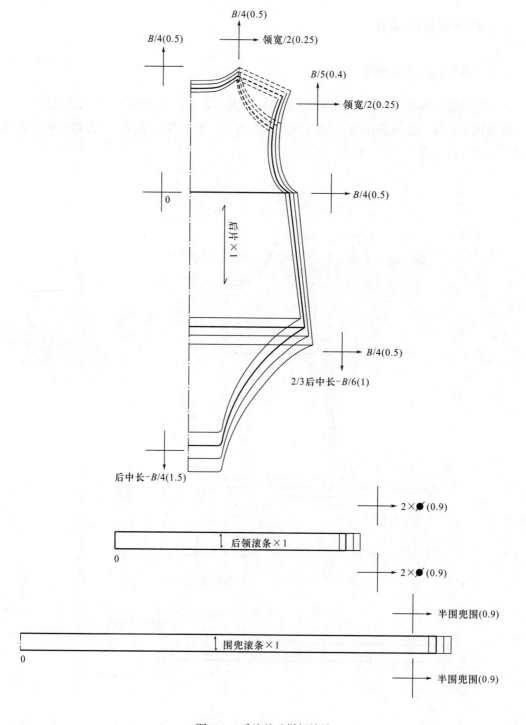

图3-9　后片基础样板缩放

（三）袖片及零部件基础样板缩放

袖片及零部件基础样板各放码点的计算公式和数值，如图3-10所示（括号内为放码点数值）。

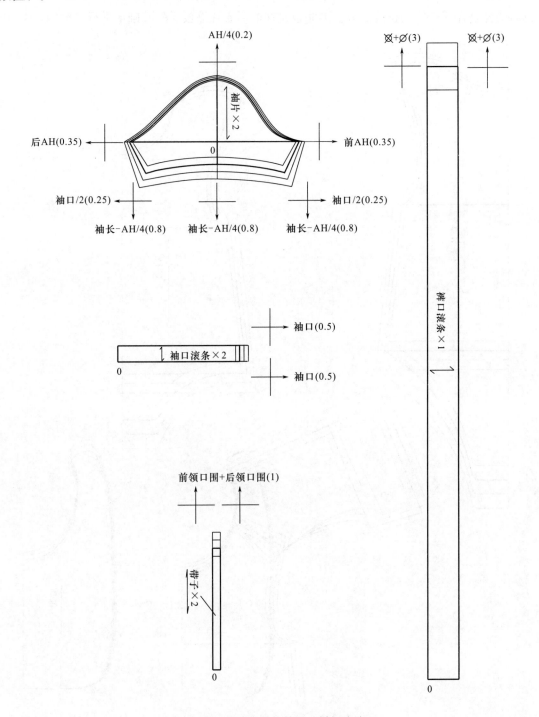

图3-10　袖片及零部件基础样板缩放

二、前后片和围兜系列样板（图3-11）

重点提示：衣身样板缩放完，再拼接领肩部分，领肩部分就会随着衣身缩放而缩放，这种方法适用于较小的拼接部分。围兜也是在前后衣片缩放后的基础上进行缩放的。

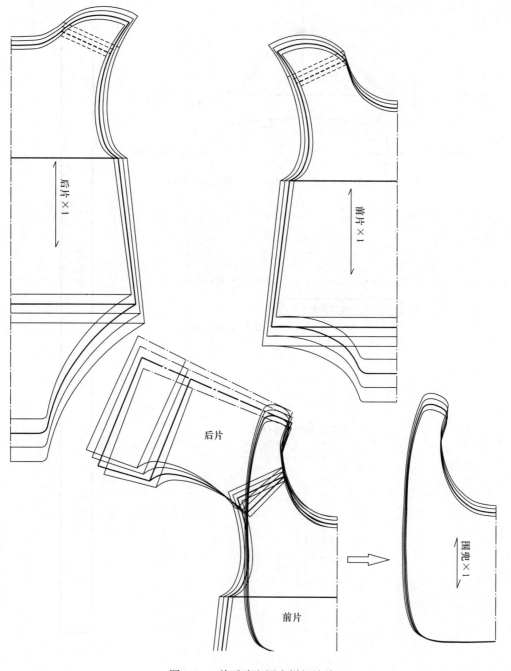

图 3-11 前后片和围兜样板缩放

项目二 婴儿波点绣花三角哈裙

━━ 流程一 服装分析 ━━

试一试：请认真观察表3-3所示的效果图，从以下几个方面对婴儿波点绣花三角哈裙进行分析。

一、款式图分析（样衣分析）

（一）款式分析

1. 整体款式特点
2. 领子特点
3. 袖子特点
4. 裆部特点
5. 开口特点

想一想：前裙片褶裥量在制板时要如何处理？

在制板时直接向外平展褶裥量，可同时增加底边的量。

拓展知识：前衣片做褶裥拼育克，可使上身合体，底边变大，形成有足够活动量的裙摆，适合婴幼儿肩胸瘦小、腰腹大的体型特征，是婴幼儿裙子设计常用的手法。

（二）材料分析

1. 面料分析
2. 辅料分析

（三）工艺分析

1. 前后领口工艺处理方式
2. 裆部开口工艺处理方式
3. 后领口开口工艺处理方式
4. 飞边袖口缝边工艺处理方式

想一想：该款式的裆部开口处理跟前面学习的三角哈衣的裆部开口处理有什么不同？

该款式的裆部开口做贴边处理，前面学习的三角哈衣的裆部开口做滚条处理。

表3-3　婴儿波点绣花三角哈裙产品设计订单（一）

编号	TZ-302	品名	婴儿波点绣花三角哈裙	季节	夏季

效果图

正视图

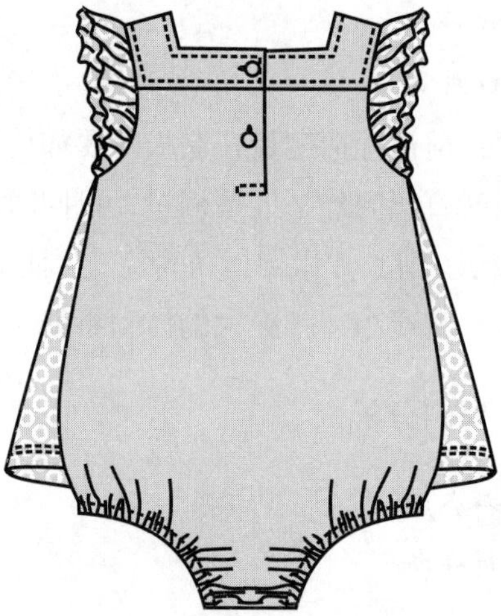

背视图

面料A 　　　　　面料B

表3-4　婴儿波点绣花三角哈裙产品设计订单（二）

编号	TZ-302	品名	婴儿波点绣花三角哈裙		季节	夏季
尺寸规格表（单位：cm）						
月龄 部位	6个月	9个月	12个月		18个月	24个月
前衣长（肩颈点至裆）	39	42	43		45	46
后衣长（后领中至裆）	36	39	40		42	43
小肩长	4	4	4		4	4
胸围/2	22	24	25		26	27
袖长	4.5	5	5		5	5.5

款式说明

1. 整体款式特点：为假两件连身短裤，只在前面拼接细褶A形罩裙，里面为连身三角哈裤
2. 领子特点：前后育克拼接方形领口
3. 袖子特点：褶边小飞袖
4. 裆部特点：开裆，后裆向前延伸包住前裆，装2粒按扣开合，制作后裆片时需增加延伸的量和对搭量，前裆相应减去延伸的量，裤口抽橡筋
5. 开口特点：后领口开口至衣身处，钉两粒纽扣

材料说明

1. 面料说明：外裙和袖子采用纯棉机织面料，内衣身采用纯棉针织面料，经纬向均有弹性，围度尺寸考虑加较少放松量，长度加放的尿布松量可适当减小
2. 辅料说明：前后领口育克贴边、后领开口的门襟、里襟、裆部贴边使用薄黏合衬，裆部装2粒按扣，后领口开口钉2粒有脚珠光纽扣，裤口装0.5cm宽橡筋

工艺说明

1. 前后领口育克贴边采用与袖窿部分贴边连裁的处理方法，压缉0.5cm宽单明线
2. 前后裆部采用连裁贴边的处理方法
3. 后领口开口至衣身，后领口处开口做贴边需加搭门量，后衣身与后领口搭门对齐处做门襟开口，需要裁剪门襟和里襟
4. 飞袖边采用卷边缝，裤口折边抽橡筋单针链缝

想一想：为什么前后领口育克贴边采用与袖窿部分贴边连裁的处理方法？

因为前后领圈开口较大，育克分割至袖窿，贴边靠近袖窿，直接连至袖窿边，与前后领口育克一样，一起跟袖子、衣身合缝，可使贴边固定不易外翻。

拓展知识：婴幼儿服装样板贴身穿着的部位一般要尽量减少缝合边，该款式前后裆部采用连裁贴边的处理方法而没有另裁贴边，主要是因为这种处理方法没有缝合边，可使裆

部位置比较平服，减少婴幼儿穿着的不适感，对于较小的婴幼儿服装样板，通过连裁既可减少缝合边，又可增大样板，减少裁剪片数，利于裁剪，节省裁剪和制作工序。

二、尺寸规格设计

试一试：请自己先对该款式设计尺寸规格表，然后对照表3-4的尺寸规格表，分析主要部位尺寸设置的特点。

该款式上身较合体，且内衣身采用针织面料，弹性较好，所以胸围和小肩长的加放量尺寸较小，而衣长考虑佩戴尿布的功能需要，需加长较大的尺寸，一般增加 5 ~ 10cm 左右，中间板采用 12 个月的尺寸规格。

想一想：本款式尺寸规格与前面婴儿带围兜三角哈衣有什么相似之处？

前衣长、后衣长、小肩长尺寸设置相似。

━━━ 流程二　服装制板 ━━━

一、结构制图

试一试：请利用 12 个月童装原型（灰色部分为原型）进行结构制图。

注意先绘制后片，再绘制前片。

前后片结构制图（图 3-12）

制图关键：

（1）前裙片褶裥绘制。

（2）后开口门里襟绘制。

（3）飞边袖绘制。

想一想：为什么这里的飞边袖是从肩斜线延长出去，而不是水平画出去？

因为这里的飞边袖采用袖口展量大袖窿展量小的扇形展，袖窿抽褶以后，袖口中线处会往上翘，形成喇叭状，如果是水平画出去的话，袖子扇形展开以后会翘得更厉害，这时就要用平展。

二、样板制作

（一）复制样片

想一想：样片有哪些，一共有几片？（注意前后育克与前后贴边样片一样。）

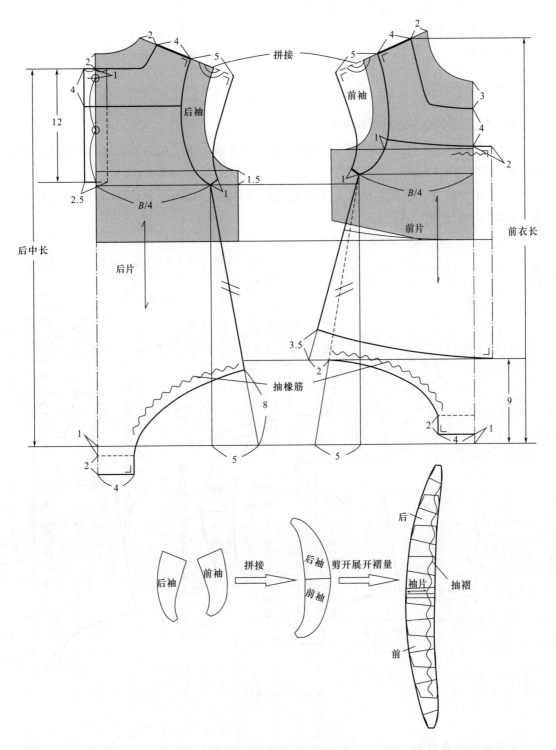

图 3-12　前后片结构制图

（1）后身：后育克、后裤片、门襟、里襟。

（2）前身：前育克、前裤片、前裙片。

（3）袖子：袖片。

共有 8 片。

（二）检查样片

想一想：需要检查的部位有哪些？

（1）长度检查：主要检查前、后侧缝；前、后小肩；前、后袖拼接前的袖中线；前后袖缝等，如图 3-13 所示。

（2）拼合检查：主要检查前、后领圈；前、后袖隆；前、后裤口；前、后袖山弧线；前、后袖口等，如图 3-13 所示。

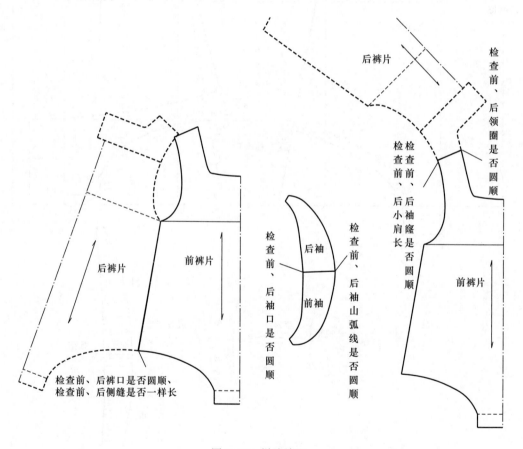

图 3-13　样片检查

（三）制作净样板

面料净样板制作如图 3-14 所示，将检验后的样片进行复制，作为婴儿波点绣花三角哈裙的净样板。

重点提示：注意前后裆部连裁贴边要处理完整，还有本款式使用两种面料，要标注清楚。

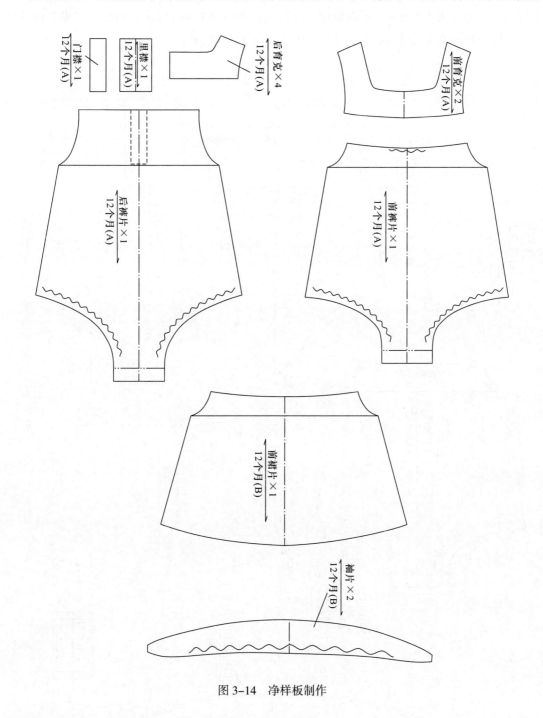

图 3-14　净样板制作

（四）制作毛样板

面料毛样板制作如图 3-15 所示，在婴儿波点绣花三角哈裙的净样板上，按图 3-15 所示各缝边的缝份进行加放。

重点提示： 后裤片的后中连裁，后领开口处的缝份要进行如图 3-15 所示处理，缝份要尽量小，一般不大于 0.5cm，可将板样从开口止点处拉出 0.5cm 缝份，门襟、里襟与后开口对应的缝边只加 0.5cm 缝份，袖口卷边缝也只加 0.5cm 缝份。

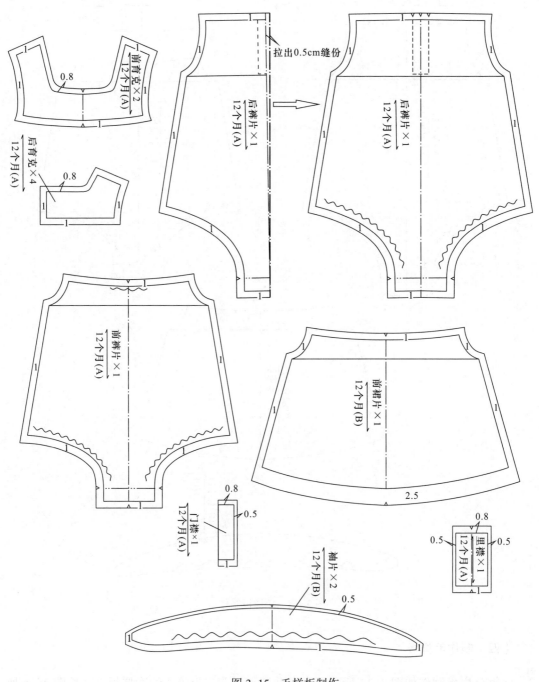

图 3-15　毛样板制作

流程三 样板检验

婴儿波点绣花三角哈裙款式样衣常见弊病和样板修正方法有以下内容。

一、后裤口抽缩后仍包不住臀部

后裤口抽缩后会变短而包不住臀部，调整方法是将后裤口凹势调小，增加抽缩垂量，如图3-16（a）所示。

二、前裤口抽缩后夹腿，纵向绷紧

前裤口抽缩后会变短夹腿，长度绷紧，调整方法是将前裤口上抬量减少，减小抽缩量，如图3-16（b）所示。

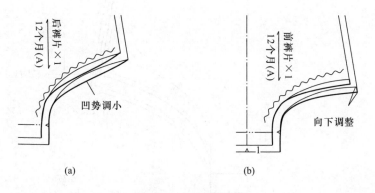

图3-16 样板修正

样板修正以后要对样板再进行复核，包括长度检查、拼合检查，加放即将投产原材料的回缩量，注意根据两种面料的回缩率调整对应的样板。

流程四 样板缩放

一、后裤片和袖片基础样板缩放

后裤片和袖片基础样板各放码点计算公式和数值，如图3-17所示（括号内为放码点数值）。

重点提示：后育克跟后裤片合在一起缩放，门里襟不缩放。

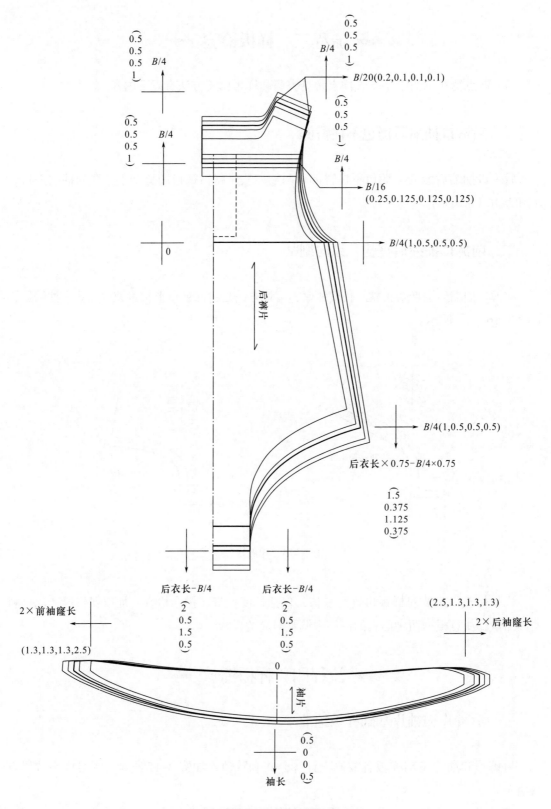

图 3-17　后裤片和袖片基础样板缩放

二、前片基础样板缩放

前片基础样板各放码点计算公式如图3-18所示（括号内为放码点数值）。

重点提示： 前裙片、前育克都跟前裤片合在一起缩放。

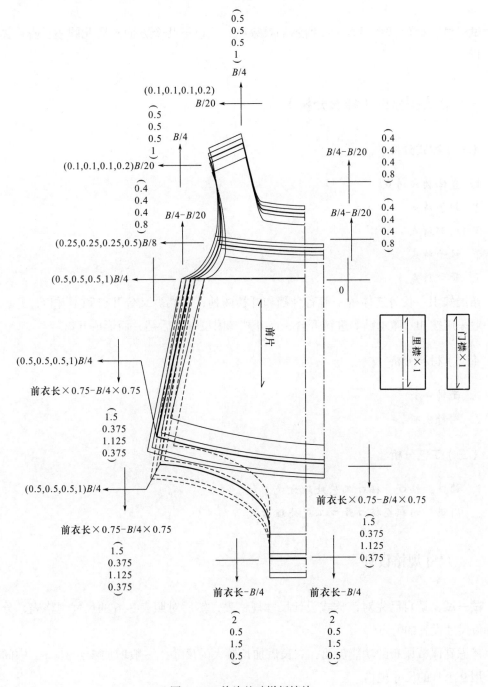

图3-18 前片基础样板缩放

项目三　婴儿圆领长身连体裤

━━ 流程一　服装分析 ━━

试一试：请认真观察表 3-5 所示的效果图，从以下几个方面对婴儿圆领长身连体裤进行分析。

一、款式图分析（样衣分析）

（一）款式分析

1. 整体款式特点
2. 领子特点
3. 裆部特点
4. 袖子特点
5. 开口特点

拓展知识：长身连体裤一般有合裆和开裆两种，合裆裤又分开口和不开口，开口合裆裤一般采用按扣、魔术贴等进行开合，而开裆裤因没有前后裆，而形成开口。

（二）材料分析

1. 面料分析
2. 辅料分析

（三）工艺分析

1. 领口、袖口、裤口工艺处理方式
2. 门襟、裆部至裤口开口工艺处理方式

二、尺寸规格设计

试一试：请自己先对该款式设计尺寸规格表，然后对照表 3-6 的尺寸规格表，分析主要部位尺寸设置的特点。

考虑到佩戴尿布的功能需要，衣长需加长较大的尺寸，一般增加 5 ~ 10cm，中间板制作采用 9 个月的尺寸规格。

表3-5 婴儿圆领长身连体裤产品设计订单（一）

编号	TZ-303	品名	婴儿圆领长身连体裤	季节	春秋季

效果图

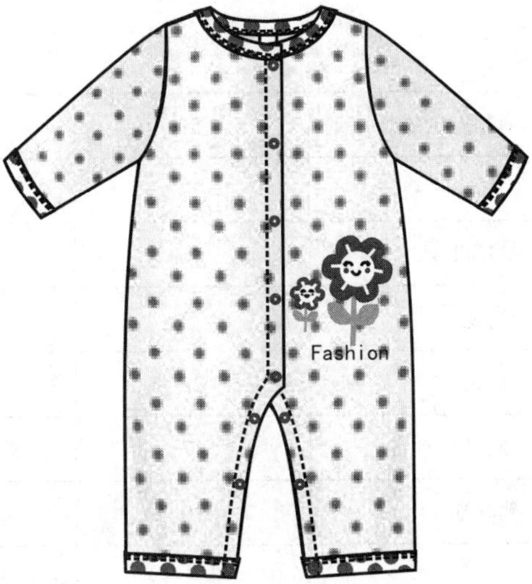

正视图

背视图

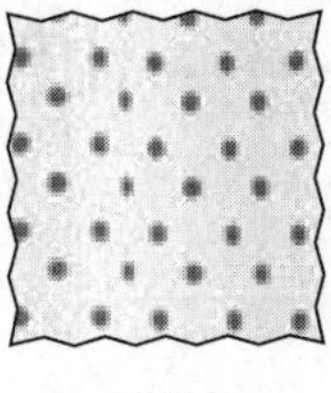

面料A

面料B

表3-6　婴儿圆领长身连体裤产品设计订单（二）

编号	TZ-303	品名	婴儿圆领长身连体裤	季节	春秋季
尺寸规格表（单位：cm）					
部位　　　　月龄	3个月		6个月	9个月	12个月
衣裤长（肩颈点至裤口）	51		53	56	59
衣长（肩颈点至裆）	37		39	41	43
胸围/2	26		27	28	29
肩宽	22		23	24	25
袖长	22		23	24	25
袖口	17		17.8	18	18.5
裤口宽	10		10.5	11	11.5

款式说明

1. 整体款式特点：呈O型，上下较合体，腰臀较宽松
2. 领子特点：滚边圆形领口领
3. 裆部特点：合裆，连门襟单排扣至裤口，后片拼裆布
4. 袖子特点：普通一片袖，袖口包滚边
5. 开口特点：前门襟开口至裤口，钉11粒按扣

材料说明

1. 面料说明：衣身主要采用纯棉中厚型白底红点针织面料，纬向有弹性，经向无弹性，领口、袖口、裤口外围滚边用纯棉中厚红底白点针织面料，滚边因采用有弹性的针织面料的纬纱方向，故无需用斜料
2. 辅料说明：前门襟至左右裆部共11粒按扣，门襟、裆部贴边使用黏合衬

工艺说明

1. 领口、袖口、裤口均采用滚边双针链缝处理
2. 门襟、裆部至裤口开口采用贴边处理，其他缝合部位五线包缝
3. 图案另做贴布和绣花处理

流程二　服装制板

一、结构制图

试一试：请利用9个月童装原型（灰色部分为原型）进行结构制图。

注意衣身部分先画后片，再在后片基础上画前片，裤身部分先绘制前片，再在前片的基础上绘制后片。

（一）前后片结构制图（图3-19）

制图关键：

　　裆布和后贴边的绘制：后裤身是在前裤身的基础上绘制的，后裆加出去以后，后裤内侧缝要与前裤内侧缝长度一样，然后再画出后裆片和后贴边，如图3-19所示，再将裆布和后贴边取出后左右要拼接成一片，如图3-20所示。

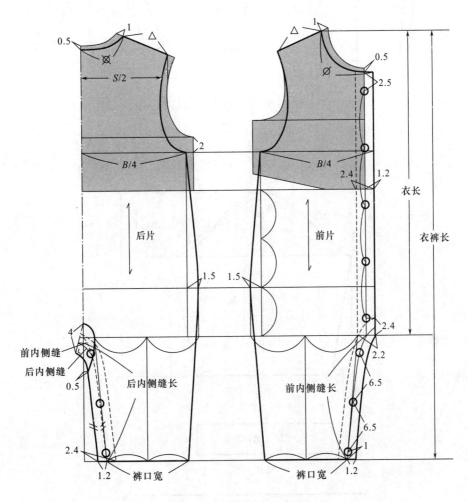

图3-19　前后片结构制图

（二）袖片和零部件结构制图（图3-21）

　　想一想：后片为什么要拼裆布？

　　为了减少缝边对婴儿的摩擦，后片不断开，采用连裁，但裤片有后裆就无法连裁，所以后裆部分只能另外裁开再拼接，以补足少掉的后裆量。

　　拓展知识：制图时如果不加后裆片，前片裆部也不加出前裆量，就是开裆裤了。

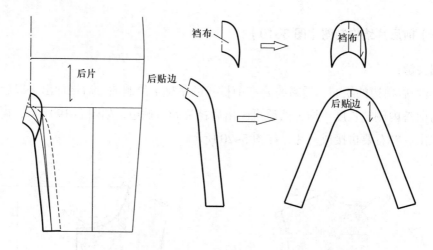

图 3-20　挡布和后贴边制图

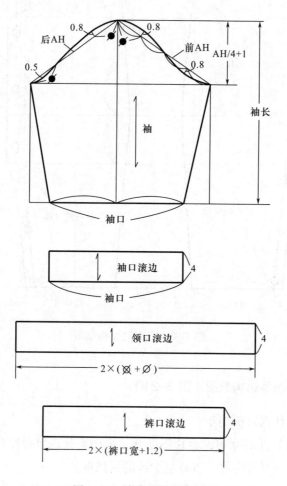

图 3-21　袖片和零部件制图

二、样板制作

（一）复制样片

想一想：样片有哪些，一共有几片？

（1）后身：后裤片、后裆贴边、裆布。

（2）前身：前裤片、前裆贴边。

（3）袖子：袖片。

（4）滚边：领滚边、裤口滚边、袖口滚边。

共有9片。

（二）检查样片

想一想：需要检查的部位有哪些？

（1）长度检查：主要检查前、后侧缝；前、后领圈与领滚边；前、后裤口与裤口滚边；袖口与袖口滚边；前、后袖窿与袖山弧线；前、后外侧缝；前、后内侧缝等，如图3-22所示。

（2）拼合检查：主要检查前、后领圈；前、后袖窿；前袖山底与前袖窿底；后袖山底与后袖窿底等，如图3-22所示。

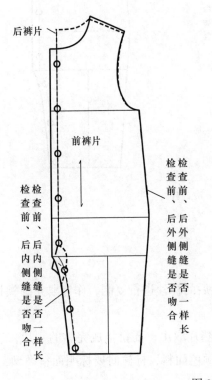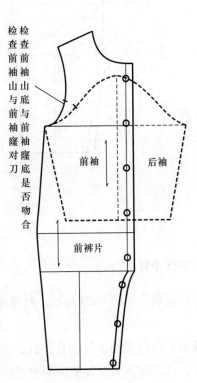

图 3-22

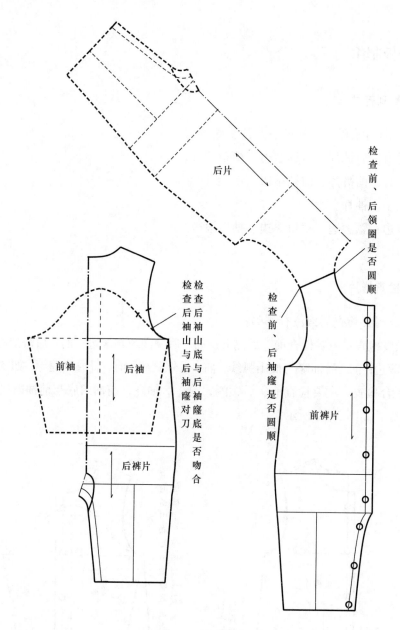

图 3-22 检查样片

（三）制作净样板

面料净样板制作如图 3-23 所示，将检验后的样片进行复制，作为婴儿圆领长身连体裤的净样板。

重点提示：前门襟贴边与前片连载，后裆片取出，要拼接成完整的一片，后贴边也要处理成一片，注意本款式服装使用两种不同颜色面料，标注时要标明面料类型，如图 3-23 所示。

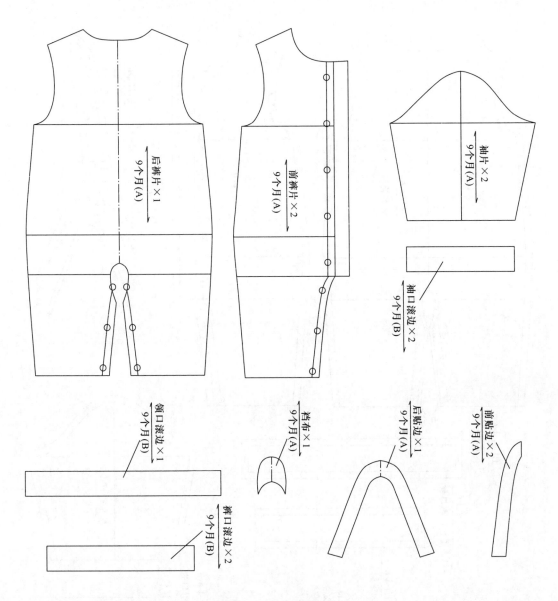

图 3-23 净样板制作

（四）制作毛样板

面料毛样板制作如图 3-24 所示，在婴儿圆领长身连体裤的净样板上，按图 3-24 所示各缝边的缝份进行加放。

重点提示： 有滚边的地方不加缝边量，后裆贴边和后裆缝合边只能分别加放 0.5cm 缝边，因为缝边量太大，后裤片就不能连裁，如图 3-24 所示。

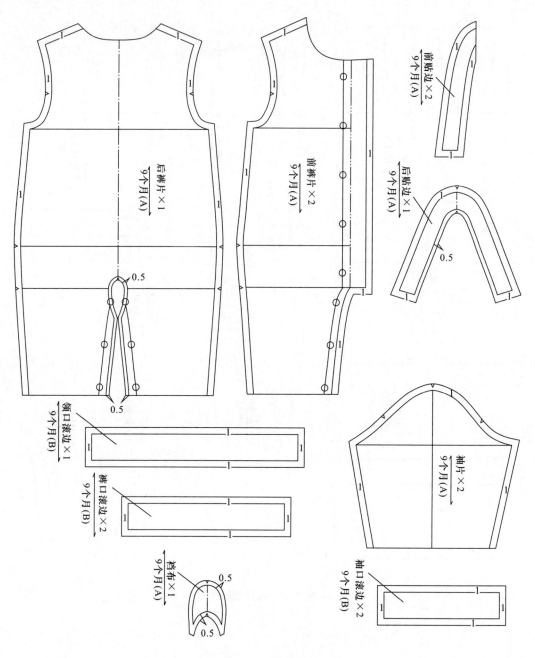

图 3-24　毛样板制作

流程三　样板检验

婴儿圆领长身连体裤款式样衣常见弊病和样板修正方法有以下内容。

一、后领圈处起涌

在后领圈出现横兜状褶皱，原因是后领深太浅，后肩斜度大，调整方法是将后领深加大，将后肩斜度改小。

二、后裆布堆皱

原因是后裆布布纹方向错误，本身布料有弹性，取跟衣身不一样的斜纱，缝合时容易拉伸多出余量而堆皱，调整方法是要用直纱。

样板修正以后要对样板再进行复核，包括长度检查、拼合检查，加放即将投产原材料的回缩量，注意根据两种面料的回缩率调整对应的样板

流程四　样板缩放

一、基础样板的缩放

（一）后裤片和袖片基础样板缩放

后裤片和袖片基础样板各放码点计算公式和数值，如图3-25所示（括号内为放码点数值）。

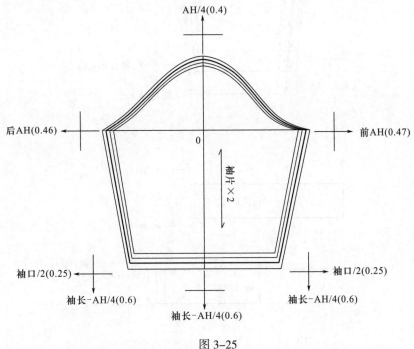

图 3-25

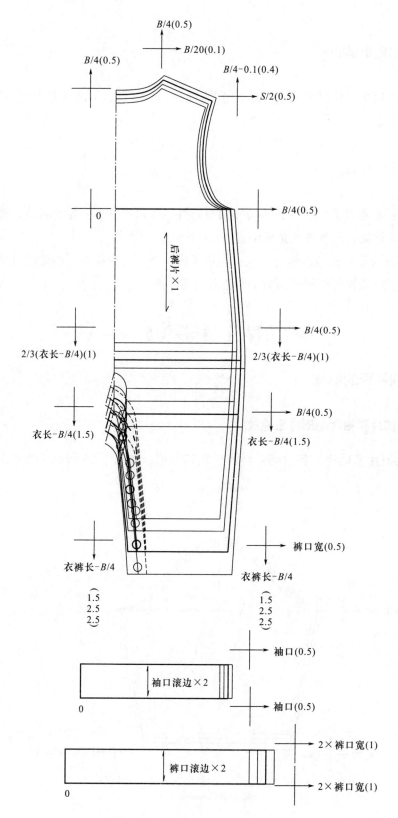

图 3-25　后裤片和袖片基础样板缩放

（二）前片和零部件基础样板缩放

前片和零部件基础样板各放码点计算公式和数值如图 3-26 所示（括号内为放码点数值）。

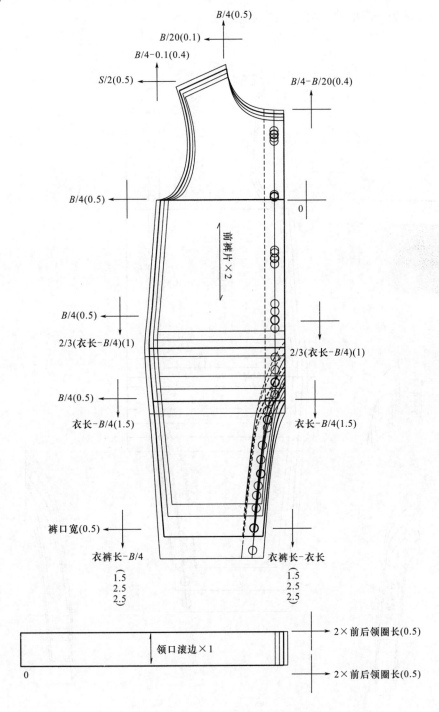

图 3-26　前片和零部件基础样板缩放

二、前裤片、后裆布和贴边系列样板（图3-27）

重点提示：一般贴边可在衣身样板缩放以后再取出，这样贴边就会随着衣身缩放而缩放，这种方法适用于门里襟、贴边和挂面的缩放。

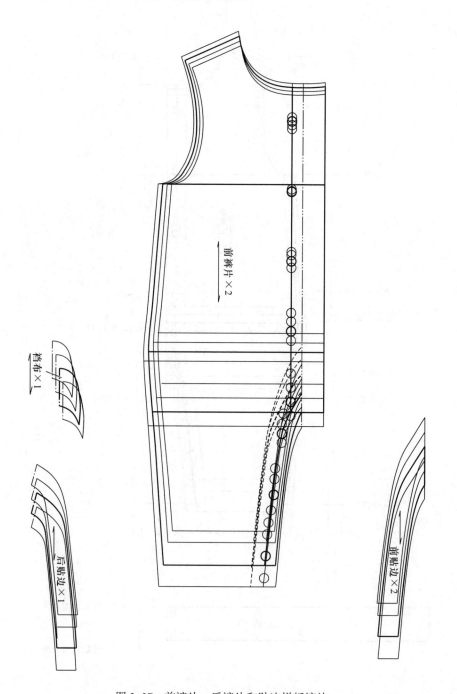

图 3-27　前裤片、后裤片和贴边样板缩放

项目四　婴儿立领长身连体裤

━━━ 流程一　服装分析 ━━━

试一试：请认真观察表 3-7 所示的效果图，从以下几个方面对婴儿立领长身连体裤进行分析。

一、款式图分析（样衣分析）

（一）款式分析

1. 整体款式特点
2. 领子特点
3. 裆部特点
4. 脚口特点
5. 袖子特点

想一想：该款式与项目三圆领长身连体裤有什么相同和不同之处？

相同之处是衣身和裆部，不同之处是领子、袖子和裤口。

（二）材料分析

1. 面料分析
2. 辅料分析

（三）工艺分析

1. 门襟工艺处理方式
2. 裆部至脚口开口工艺处理方式

二、尺寸规格设计

试一试：请自己先对该款式设计尺寸规格表，然后对照表 3-8 的尺寸规格表，分析主要部位尺寸设置的特点。

注意插肩袖的长度是从肩颈点量，中间板制作采用 9 个月的尺寸规格。

表3-7　婴儿立领长身连体裤产品设计订单（一）

编号	TZ-304	品名	婴儿立领长身连体裤	季节	秋冬季

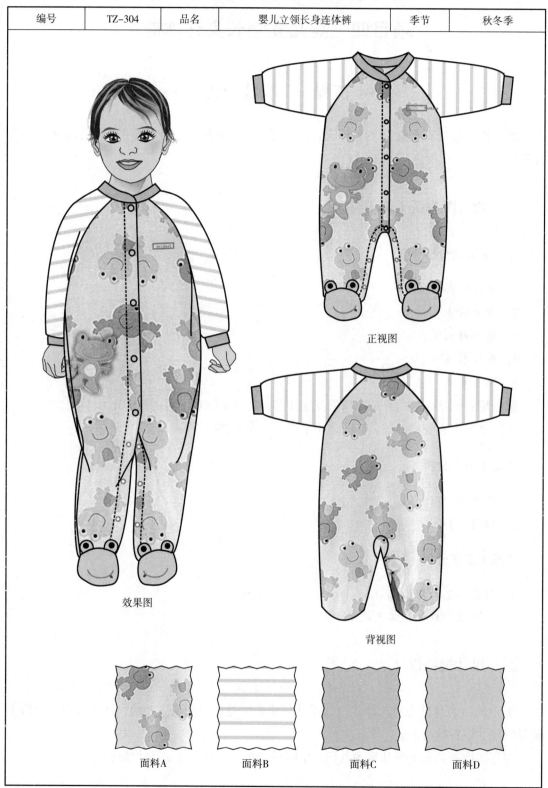

效果图

正视图

背视图

面料A　　　面料B　　　面料C　　　面料D

表3-8 婴儿立领长身连体裤产品设计订单（二）

编号	TZ-304	品名	婴儿立领长身连体裤		季节	秋冬季
尺寸规格表（单位：cm）						

部位＼月龄	3个月	6个月	9个月	12个月	18个月
衣裤长（肩颈点至脚口）	50	54	57	60	65
衣长（肩颈点至裆）	36	38	41	42	44
胸围/2	26	27	28	29	30
袖长（从肩颈点量）	22	24	26	28	30
后领高	3	3	3	3	3
领围	32	32.5	33	33.5	34
袖口	17	17.5	18	18.5	19
袖头高	3	3	3	3	3
脚掌长	9	9.5	10	10.5	11
脚掌宽	7.5	8	8.5	9	9.5
脚面长	7	7.5	8	8.5	9

款式说明

1. 整体款式特点：呈O型，上下较合体，腰臀较宽松
2. 领子特点：立领
3. 裆部特点：合裆，连门襟单排扣至裤口，后片拼裆布
4. 脚口特点：有脚，仿青蛙形状，带耳朵、脚面和脚底
5. 袖子特点：普通一片插肩袖，袖口装袖头

材料说明

1. 面料说明：衣身主要采用纯棉绒里印花两面弹针织面料，插肩袖用纯棉条纹绒里两面弹针织布，立领、袖头采用纯棉素色绒里两面弹针织布，脚底、脚面、耳朵用配色绒里两面弹针织布
2. 辅料说明：前门襟至左右裆部共11粒按扣，门襟、裆部贴边、领面、耳朵使用黏合衬

工艺说明

1. 门襟贴边与衣身连裁，翻折后面上缉压2cm宽明线固定
2. 裆部至裤口开口采用贴边处理，其他五线包缝
3. 图案另做贴布和绣花处理

流程二 服装制板

一、结构制图

试一试：请利用 9 个月童装原型（灰色部分为原型）进行结构制图。

注意衣身部分先画后片，再在后片基础上画前片，裤身部分先绘制前片，再在前片的基础上绘制后片，可参照本模块项目三的制图。

（一）后片结构制图（图 3-28）

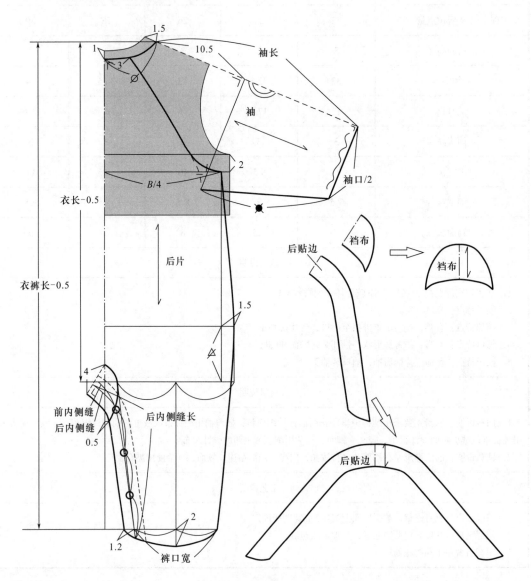

图 3-28　后片结构制图

（二）前片结构制图（图3-29）

重点提示：前片衣长、衣裤长比后片的多0.5cm为凸肚量。

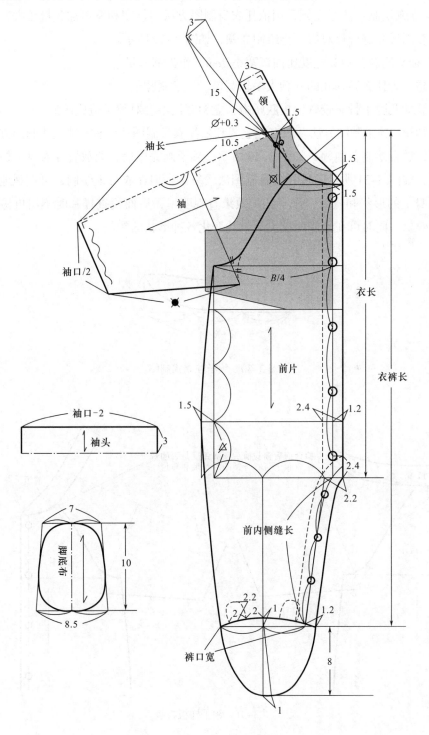

图3-29 前片结构制图

制图关键：

（1）裆布和后贴边的绘制：后片是在前片的基础上绘制，后裆加出去以后，后裤内侧缝要与前裤内侧缝长度一样，然后再画出裆布和后贴边，如图 3-28 所示。

（2）立领绘制：注意立领采用依托衣身制图方法，领宽和领深加放量较大，加放后的领圈要与领围尺寸进行核对后，再绘制立领，如图 3-29 所示。

（3）袖头绘制：袖头宽度比袖口宽小 2cm，作为缩缝量。

想一想： 为什么婴幼儿的立领大多较宽松，不贴紧脖子？

因为婴幼儿脖子骨胳较软，皮肤娇嫩，立领宽松不会对脖子造成压迫。

拓展知识： 领子制图方法一般有独立式和依托衣身制图法两种，独立式制图方法简单，取片容易，适合绘制普通领，如图 3-30 所示，领子画完以后，要放置在衣身上检查领形和装领位置，如图 3-31 所示。依托衣身制图法较复杂，但在衣身上绘制，可直观地看出领子装配在衣身上的形状和位置，领子装配效果直观明了，后面检查样片时不用再检查领子与衣身装配效果，同时可在绘制时就灵活设计变化各种形状的领子。

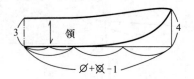

图 3-30　领子独立式制图

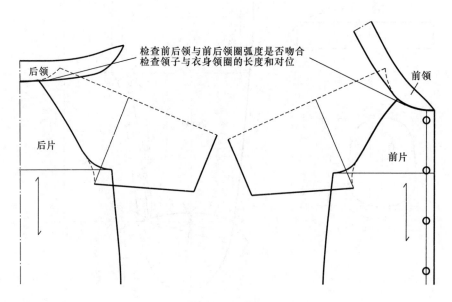

图 3-31　领子样板检查

二、样板制作

（一）复制样片

想一想：样片有哪些，一共有几片?

（1）后身：后裤片、后裆贴边、裆布。

（2）前身：前裤片、前裆贴边。

（3）领子：领片。

（4）袖子：袖片、袖头。

（5）脚部：脚面、脚底、耳朵。

共有11片。

（二）检查样片

想一想：需要检查的部位有哪些?

（1）长度检查：主要检查前、后领圈与领；前、后外侧缝；前、后内侧缝；脚底布与脚面、后裤口等，如图3-32所示。

（2）拼合检查：主要检查前、后领圈；前、后裤口等，如图3-32所示。

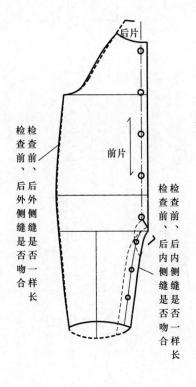
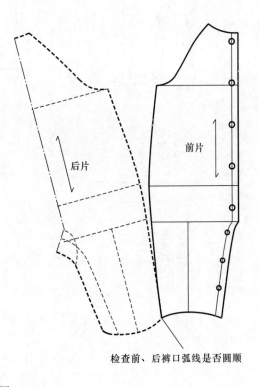

图 3-32

（三）制作净样板

面料净样板制作，如图 3-33 所示，将检验后的样片进行复制，作为婴儿立领长身连体裤的净样板。

重点提示：前门襟贴边与前片连裁。裆布取出，要拼接成完整的一片，后贴边也要处理成一片，注意本款式服装使用四种不同颜色面料，标注时要标明面料类型。

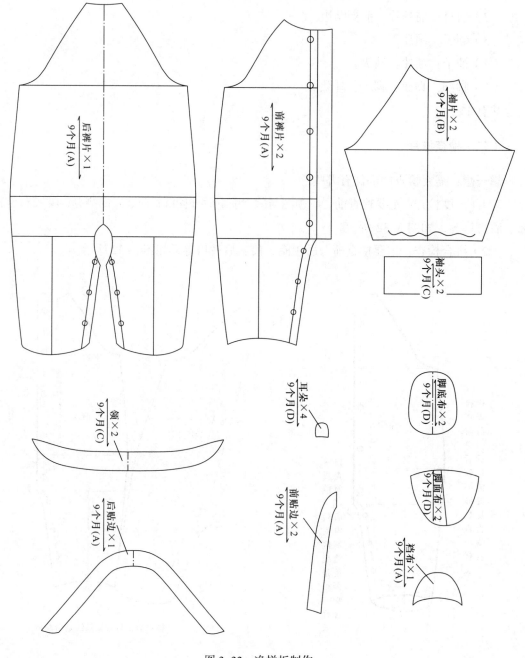

图 3-33　净样板制作

（四）制作毛样板

面料毛样板制作如图 3-34 所示，在婴儿立领长身连体裤的净样板上，按图 3-34 所示各缝边的缝份进行加放。

重点提示：后裆缝合边只能加放 0.5cm 缝份，因为如果缝份太大，后裤片就不能连裁，后裆贴边对应的缝合边也只加放 0.5cm 缝份。

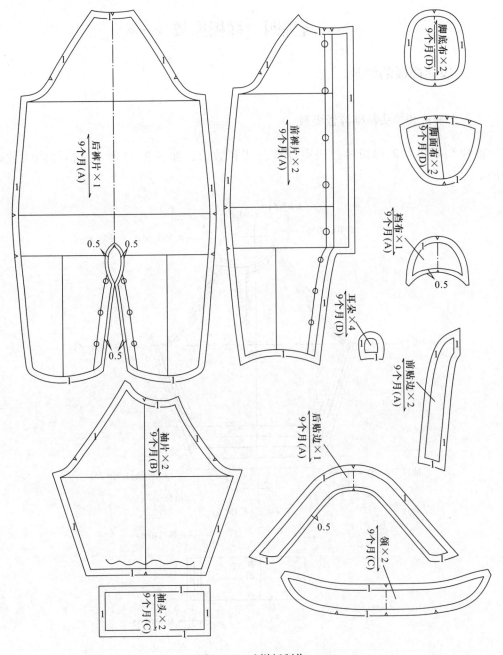

图 3-34　毛样板制作

━━ 流程三　样板检验 ━━

婴儿立领长身连体裤款式样衣常见弊病和样板修正方法与本模块项目三相同，样板修正以后要对样板再进行复核，包括长度检查、拼合检查，加放即将投产原材料的回缩量，注意根据四种面料的回缩率调整对应的样板。

━━ 流程四　样板缩放 ━━

一、基础样板的缩放

（一）袖片和袖头基础样板缩放

袖片和袖头基础样板各放码点计算公式和数值，如图 3-35 所示（括号内为放码点数值）。

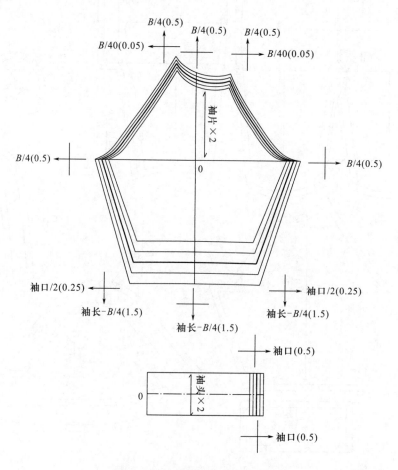

图 3-35　袖片和袖头基础样板缩放

（二）后片和领片基础样板缩放

后片和领片基础样板各放码点计算公式和数值，如图3-36所示（括号内为放码点数值）。

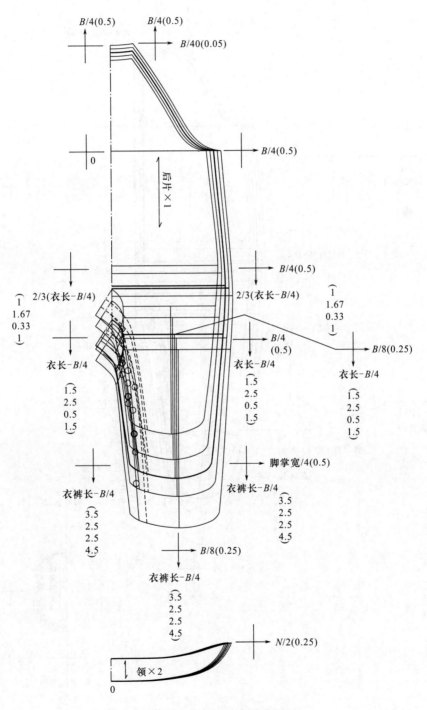

图3-36 后片和领片基础样板缩放

（三）前片基础样板缩放

前片基础样板各放码点计算公式和数值，如图 3-37 所示（括号内为放码点数值）。

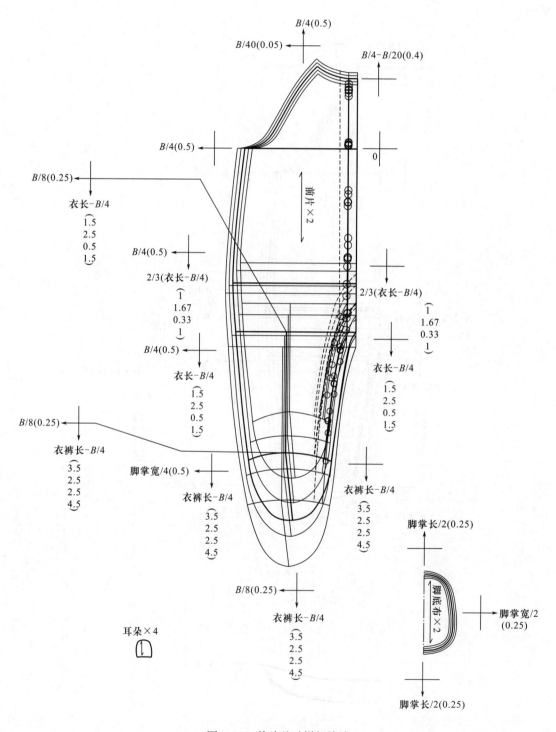

图 3-37　前片基础样板缩放

二、前后片系列样板（图3-38）

重点提示：后裆布和后裆贴边可在后衣身样板缩放以后再取出，这样后裆布和后裆贴

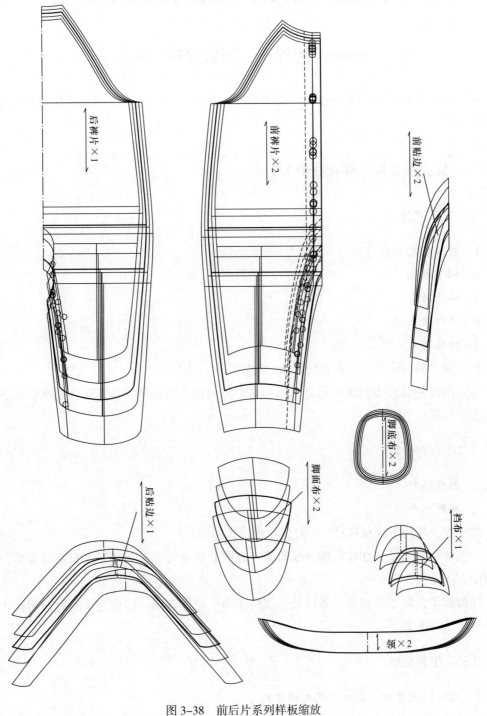

图3-38 前后片系列样板缩放

边就会随着后衣身缩放而缩放。脚面布和前裆贴边可在前衣身样板缩放以后再取出，这样脚面布和前裆贴边就会随着前衣身缩放而缩放。

项目五　幼儿荷叶边圆领系带小衫

━━━━ 流程一　服装分析 ━━━━

试一试：请认真观察表 3-9 所示的效果图，从以下几个方面对幼儿荷叶边圆领系带小衫进行分析。

一、款式图分析（样衣分析）

（一）款式分析

1. 整体款式特点
2. 领子特点
3. 袖子特点
4. 开口特点
5. 口袋特点

想一想：袋口滚条用什么方向的纱向比较适合，为什么？

袋口滚条用直纱方向比较适合，因为这个方向的布纹不易变形，适合经常使用容易变形的袋口位置。

（二）材料分析

1. 面料分析
2. 辅料分析

想一想：使用条纹布料时，一般要注意什么问题？

一般要注意对条，如前后侧缝线对条，有些装饰部分对横条或竖条有特殊要求，要按要求的方向排料。

拓展知识：除了条纹要对条以外，像格子布、二方连续、四方连续图案的印花布都要注意对格、对图案。

（三）工艺分析

1. 领口、前开口、袋口工艺处理方式

2. 袖片工艺处理方式

3. 后开口工艺处理方式

表3-9　幼儿荷叶边圆领系带小衫产品设计订单（一）

编号	TZ-305	品名	幼儿荷叶边圆领系带小衫	季节	夏季

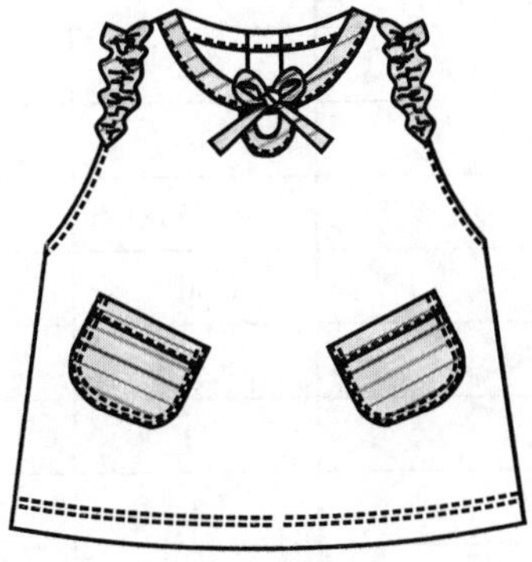

正视图

背视图

效果图

面料A 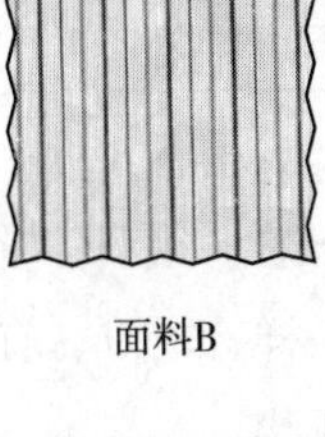　　　　面料B

表3-10　幼儿荷叶边圆领系带小衫产品设计订单（二）

编号	TZ-305	品名	幼儿荷叶边圆领系带小衫		季节	夏季
尺寸规格表（单位：cm）						
部位　　月龄		3个月	6个月	12个月	18个月	24个月
后中长		27	29	31	33	35
前衣长（从肩颈点量）		30	32	34	36	38
前中长		24.5	26	28	29.5	31.5
小肩长		3.5	3.5	3.5	3.5	3.5
胸围/2		25	26	27	28	29
摆围/2		30	31	32	33	34
袖窿深		10	10.5	11	11.5	12
领宽		11	11.5	12	12.5	13
后领深		3	3	3	3	3
前领深		5.5	6	6	6.5	6.5
系带宽		1	1	1	1	1
后门襟长		8	8	8	8	8
前开口长		3	3	3	3	3
领口围/2		23	24	25	26	27
款式说明						
1. 整体款式特点：呈上窄下宽的A型 2. 领子特点：无领，领口滚条纹边成系带装饰 3. 袖子特点：无袖，袖窿装饰条纹荷叶边 4. 开口特点：前中开衩滚条纹边，后领中开口装3粒纽扣 5. 口袋特点：前片装两个贴袋						
材料说明						
1. 面料说明：衣身主要采用单染色纯棉机织布，领口滚条、袖窿包边条、荷叶边、口袋、前开衩滚条用条纹纯棉机织布，均无弹性 2. 辅料说明：后开口钉3粒有脚珠光纽扣，袋口滚条、后开口里襟使用黏合衬						
工艺说明						
1. 领口、前开口、袋口滚边处理，口袋扣压双明缉线，袖窿反面贴包边条，压缉0.5cm宽明线 2. 袖片四周锁细边，抽褶后压缉在袖窿处 3. 后领中做门襟开口						

想一想：领口、前开口滚边布纹方向与袋口滚边布纹方向一样吗？

不一样，领口、前开口滚边布纹方向要采用弹性较好的斜纱，通过熨烫使之符合领口、前开口弧状。

二、尺寸规格设计

试一试：请自己先对该款式设计尺寸规格表，然后对照表 3-10 的尺寸规格表，分析主要部位尺寸设置的特点。

本款式为来样加工生产，尺码为客户提供，中间板采用 12 个月的尺寸规格。

重点提示：领口围 /2 是指领子不扣扣子时拉开后的一半围度。

想一想：领口围 /2 参照人体号型哪个部位的尺寸？

参照人体头围尺寸，领子不扣扣子时，拉开后的领口围要大于头围，头才能套得进去，套头衫都要注意考虑头围尺寸。

━━━ 流程二　服装制板 ━━━

一、结构制图

试一试：请根据样衣和订单尺寸进行结构制图，中间板制作采用 12 个月的尺寸规格。注意先画后片，再在后片的基础上画前片。

（一）前后片结构制图（图 3-39）

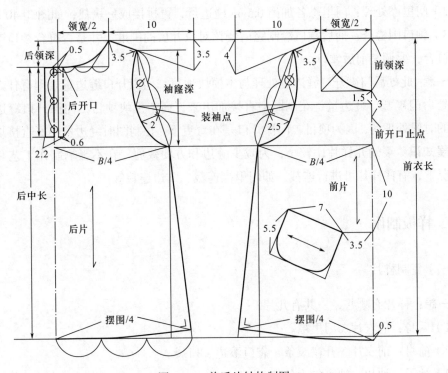

图 3-39　前后片结构制图

（二）零部件结构制图（图3-40）

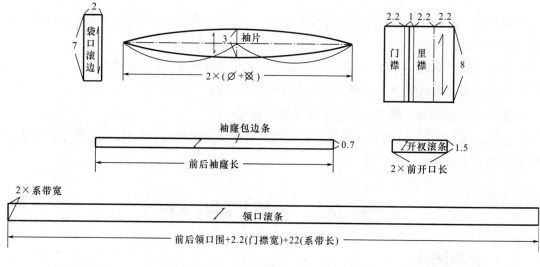

图3-40　零部件结构制图

制图关键：

（1）后门襟开口处理：后门襟缝边量0.5cm直接从后领中位置加出去，领宽加出0.5cm作为缝合量，胸围没有加出去，胸围不变，如图3-39所示。

（2）门里襟处理：门里襟各加出0.5cm缝边量，再拼接成一块裁，如图3-40所示。

（3）领口围检查：前后领口绘制完后要核对拉开后的围度尺寸是否符合领口围尺寸，如果不符合，要调整前后领口。

想一想：此处后门襟开口缝边量处理与本模块项目二门襟开口缝边量处理有什么不同？

此处后门襟开口缝边量是在制图中直接加出来，而本模块项目二门襟开口缝边量是在加毛边的时候处理的，因为项目二门襟开口是在育克下，在制图时缝边量不好直接加出来。

拓展知识：婴幼儿样片比较小，为减少缝边和方便裁剪，在不影响制作工艺和整体效果的情况下，有些样片可进行连裁，如门里襟连裁、贴边连裁等。

二、样板制作

（一）复制样片

想一想：样片有哪些，一共有几片？

（1）后身：后衣片、门里襟。

（2）前身：前衣片、开衩滚条、袋口滚边、口袋。

（3）袖子：袖片、袖窿包边条。

（4）零部件：领口滚条。

共有9片。

（二）检查样片

想一想：需要检查的部位有哪些?

（1）长度检查：主要检查前、后侧缝；前、后小肩；前、后领口与领口滚条；前、后袖窿与袖窿包边条等，如图3-41所示。

（2）拼合检查：主要检查前、后领口；前、后底边；前、后袖窿；前、后袖窿底等，如图3-41所示。

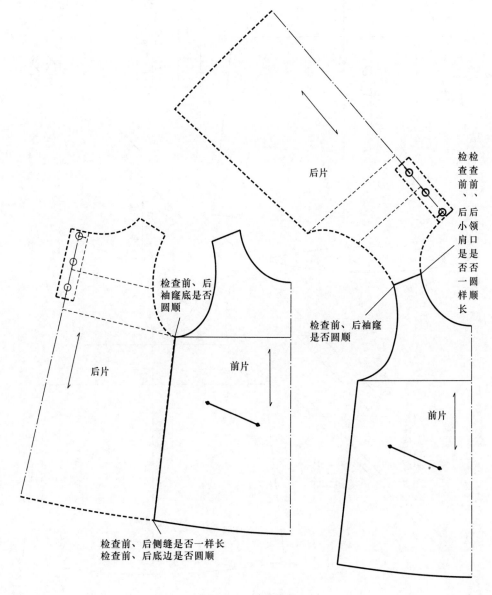

后片

检查前、后小肩是否一样长

检查前、后领口是否圆顺

检查前、后袖窿底是否圆顺

检查前、后袖窿是否圆顺

后片

前片

前片

检查前、后侧缝是否一样长
检查前、后底边是否圆顺

图3-41 样片检查

（三）制作净样板

面料净样板制作如图 3-42 所示，将检验后的样片进行复制，作为幼儿荷叶边圆领系带小衫的净样板。

重点提示：注意袖窿包边条、领圈滚条、开衩滚条、袋口滚边、口袋的丝缕方向。

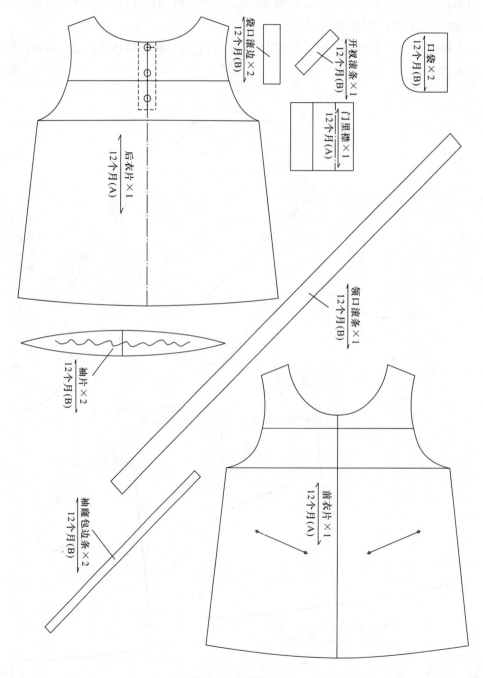

图 3-42　净样板制作

（四）制作毛样板

面料毛样板制作如图 3-43 所示，在幼儿荷叶边圆领系带小衫的净样板上，按图 3-43 所示各缝边的缝份进行加放，袖片四周锁细边，不加缝份。

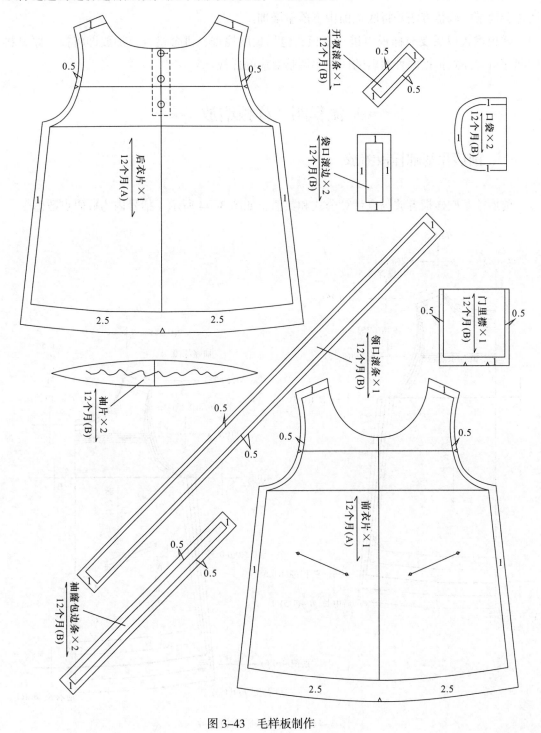

图 3-43　毛样板制作

流程三　样板检验

幼儿荷叶边圆领系带小衫款式样衣常见弊病有：前底边下落量不足于满足腹凸量，前底边会起吊。调整方法是将底边前中下落量增加。

样板修正以后要对样板再进行复核，包括长度检查、拼合检查，加放即将投产原材料的回缩量，注意根据两种面料的回缩率调整对应的样板。

流程四　样板缩放

一、前后片基础样板缩放

前后片基础样板各放码点计算公式和数值，如图 3-44 所示（括号内为放码点数值）。

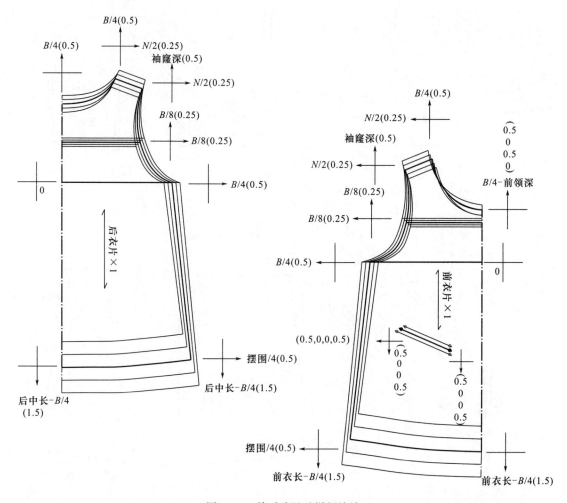

图 3-44　前后片基础样板缩放

二、零部件基础样板缩放

零部件基础样板各放码点计算公式和数值，如图 3-45 所示（括号内为放码点数值）。

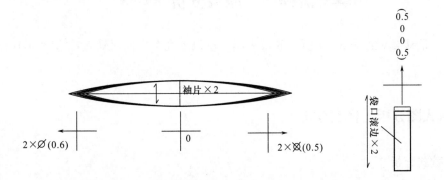

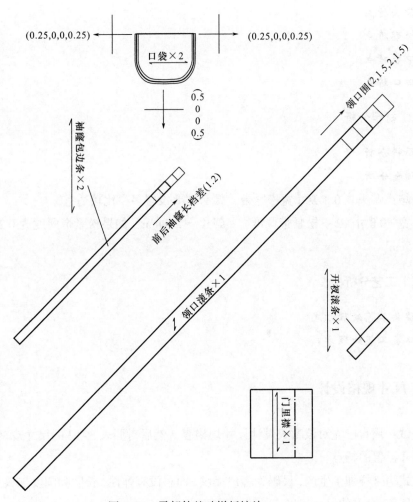

图 3-45　零部件基础样板缩放

项目六　幼儿花边裤口小短裤

流程一　服装分析

试一试：请认真观察表3-11所示的效果图，从以下几个方面对幼儿花边脚口小短裤进行分析。

一、款式图分析（样衣分析）

（一）款式分析

1. 整体款式特点
2. 腰头特点
3. 裆部特点
4. 口袋特点
5. 裤口特点

（二）材料分析

1. 面料分析
2. 辅料分析

想一想：腰头装0.8英寸宽松紧带，腰头宽要设置多少比较适宜？

腰头宽=0.8寸+2×松紧带厚度，1英寸≈2.54cm，如果松紧带厚度为0.2cm，腰头宽大约为2.5cm。

（三）工艺分析

1. 腰头工艺处理方式
2. 口袋工艺处理方式

二、尺寸规格设计

试一试：请自己先对该款式设计尺寸规格表，然后对照表3-12的尺寸规格表，分析主要部位尺寸设置的特点。

本款式为来样加工生产，尺码为客户提供，面料没有弹性，长度和围度加放量要大一点，中间板采用12个月的尺寸规格。

表3-11 幼儿花边裤口小短裤产品设计订单（一）

编号	TZ-306	品名	幼儿花边裤口小短裤	季节	夏季

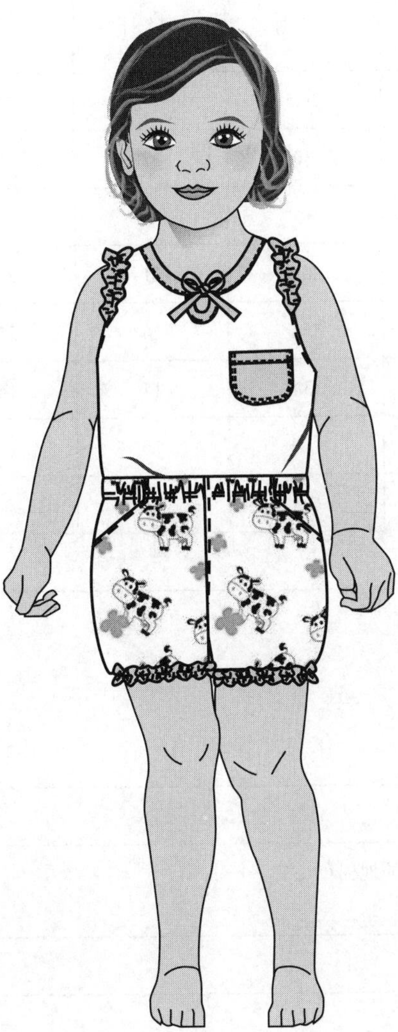

效果图

正视图

背视图

面料A

面料B

表3-12　幼儿花边裤口小短裤产品设计订单（二）

编号	TZ-306	品名	幼儿花边裤口小短裤		季节	夏季
尺寸规格表（单位：cm）						
月龄 部位		3个月	6个月	12个月	18个月	24个月
裤长（连腰头）		24.5	25.5	26.5	27.5	28.5
臀围/2		28	29	30	31	32
腰围（紧）/2		17	18	19	20	21
前裆弧长（含腰）		19.5	20	20.5	21	21.5
后裆弧长（含腰）		24.5	25	25.5	26	26.5
裤口/2		12.5	13	13.5	14	14.5
裤内长		5	5.5	6	6.5	7
腰头宽		2.5	2.5	2.5	2.5	2.5
款式说明						
1. 整体款式特点：为上下窄中间宽的O型 2. 腰头特点：松紧连腰头 3. 裆部特点：合裆 4. 口袋特点：斜插假口袋 5. 裤口特点：裤口装饰花边						
材料说明						
1. 面料说明：裤身主要采用印花机织棉布，裤口花边为染色同质地棉布 2. 辅料说明：腰头装0.8英寸宽松紧带						
工艺说明						
1. 连腰头装松紧带双针压线 2. 斜插假口袋缉压单明线0.15cm宽，前后裆缉压单明线0.15cm宽 3. 花边边缘锁细边，抽褶后缉压在距离裤口边缘0.5cm处						

流程二　服装制板

一、结构制图

试一试：请根据样衣和订单尺寸进行结构制图，中间板制作采用 12 个月的尺寸规格。
注意先画前片，后片再在前片的基础上绘制（灰色部分为前片），如图 3-46 所示。

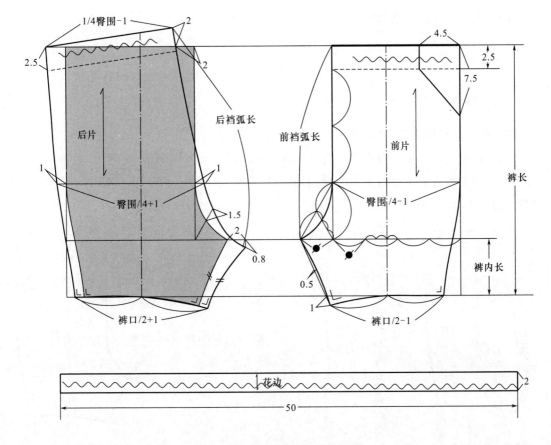

图 3-46　前后片及花边结构制图

制图关键：

（1）横裆线确定：先从上平线量取裤长确定裤口位置线，然后再从裤口向上量裤内长确定横裆线，一般裤子样衣的上裆不好测量，可量裤内长，然后将裤长－裤内长＝上裆长。

（2）裤口处理：前后片裤口内侧下落，以便直角化处理。

（3）前裆弧线处理：前浪即前裆弧线画完以后，要测量长度是否跟尺码表中提供的前裆弧长尺寸一样，如果有差别的话，可适当调整前横裆量。

（4）后裆弧线处理：后浪即后裆弧线画完以后，要测量长度是否跟尺码表中提供的后裆弧长尺寸一样，如果有差别的话，可适当调整后横裆量和后起翘量。

二、样板制作

（一）复制样片

想一想：样片有哪些，一共有几片？

（1）后身：后片。

（2）前身：前片、前侧袋。

（3）裤口：花边。

共有4片。

（二）检查样片

想一想：需要检查的部位有哪些?

（1）长度检查：主要检查前、后外侧缝；前、后内侧缝检查等，如图3-47所示。

（2）拼合检查：主要检查前、后侧腰口线；前、后中腰口线；前、后窿门；前、后裤口等，如图3-47所示。

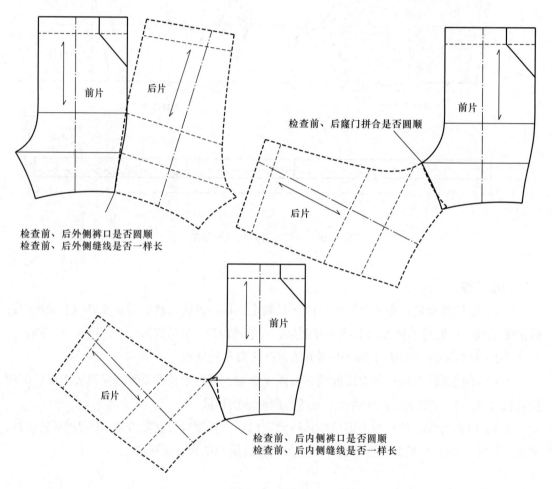

图3-47　样片检查

（三）制作净样板

面料净样板制作如图3-48所示，将检验后的样片进行复制，作为幼儿花边裤口小短裤的净样板，注意使用两种面料要标注准确。

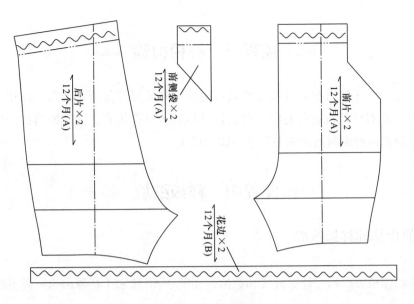

图 3-48　净样板制作

（四）制作毛样板

面料毛样板制作如图 3-49 所示，在幼儿花边裤口小短裤的净样板上，按图 3-49 所示各缝边的缝份进行加放，花边边缘锁细边不加缝份。

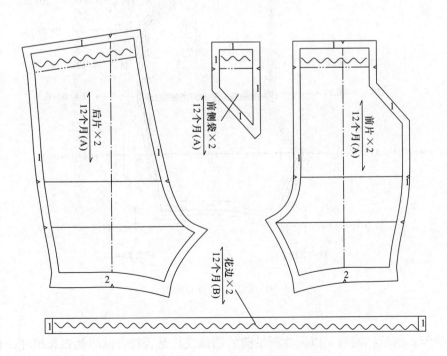

图 3-49　毛样板制作

─── 流程三　样板检验 ───

幼儿花边裤口小短裤款式样衣主要检查前后裆弧长尺寸是否符合客户订单尺寸要求。样板修正以后要对样板再进行复核，包括长度检查、拼合检查，加放即将投产原材料的回缩量，注意根据两种面料的回缩率调整对应的样板。

─── 流程四　样板缩放 ───

一、前片基础样板缩放

前片基础样板各放码点计算公式和数值，如图 3-50 所示（括号内为放码点数值）。

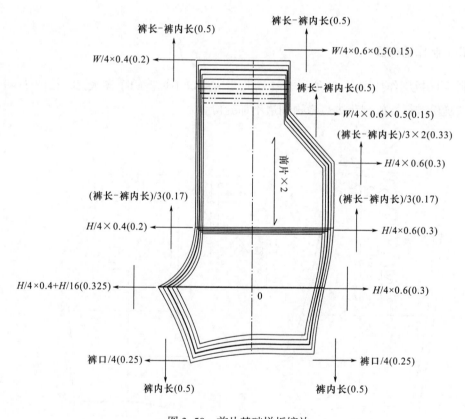

图 3-50　前片基础样板缩放

重点提示：前后裆缩放完以后要测量前后裆弧线长是否符合前后裆弧长尺寸，如果不符合，要调整前后小横裆的缩放量。

二、后片及零部件基础样板缩放

后片及零部件基础样板各放码点计算公式和数值，如图3-51所示（括号内为放码点数值）。

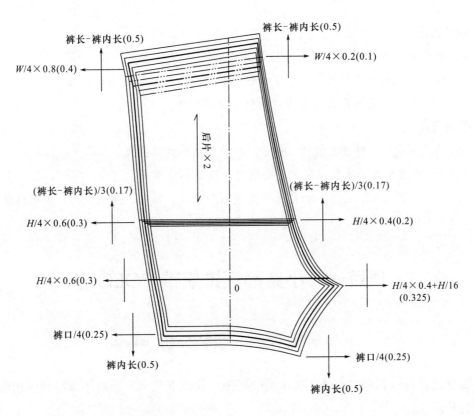

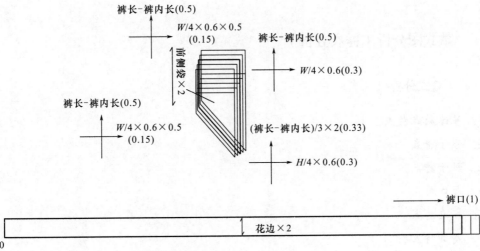

图3-51　后片及零部件样板缩放

模块四　4～7岁童装制板

学习目标

1. 认识4~7岁童装常见品种和结构特点。

2. 掌握4~7岁儿童衬衫、外套、裤子各款式童装的制板方法和流程。

3. 掌握4~7岁儿童样板号型规格设置与放码规律。

学习重点

1. 4~7岁童装各种常用领子、袖子、口袋的结构处理方法。

2. 4~7岁童装不同类型口袋工艺处理与缝边量加放关系。

3. 4~7岁童装在活动与生长需求功能方面对领口、袖口、腰头、裤口等板样结构处理的影响。

项目一　小童翻领镶织带 POLO 衫

—— 流程一　服装分析 ——

试一试：请认真观察表4-1所示的效果图，从以下几个方面对小童翻领镶织带 POLO 衫进行分析。

一、款式图分析（样衣分析）

（一）款式分析

1. 整体款式特点

2. 领子特点

3. 袖子特点

4. 开口特点

5. 底边特点

6. 肩部特点

拓展知识：罗纹具有很好的伸缩性，经常用于领口、袖口、裤口等需要收紧的部位，用于针织衫翻领的罗纹一般用横机缝合，也称横机领。

表4-1　小童翻领镶织带POLO衫产品设计订单（一）

编号	TZ-401	品名	小童翻领镶织带POLO衫	季节	春夏季

效果图

正视图

背视图

领子细节图

面料A　　　面料D

表4-2 小童翻领镶织带POLO衫产品设计订单（二）

编号	TZ-401	品名	小童翻领镶织带POLO衫		季节	夏季
尺寸规格表（单位：cm）						

部位 ＼ 身高	80	90	100	110	120
后中长	32.5	34.5	36.5	38.5	40.5
前衣长(从肩颈点量)	34	36	38	40	42
小肩长	6	7	7	8	8
胸围/2	30	32	33	34	35
摆围/2	30	32	33	34	35
夹肥	12.5	13.5	14	14.5	15
袖长	9	10	11	12	13
袖肥/2	11.5	12	12.5	13	13.5
袖口/2	8	8.5	8.5	9	9
领围	28	29	30	31	32
领高(罗纹)	5.5	5.5	5.5	5.5	5.5
领长(罗纹)	25	26	27	28	29
前开口长	12	12	12	12	12
领口围/2	26	27	28	29	30
袖口罗纹宽	2.5	2.5	2.5	2.5	2.5

款式说明

1. 整体款式特点：为直身型
2. 领子特点：普通罗纹翻领
3. 袖子特点：普通一片短袖，袖口装罗纹口
4. 开口特点：前领开门襟钉3粒纽扣
5. 底边特点：底边两侧开衩
6. 肩部特点：肩部至袖口前后各有一条1cm宽撞色织带装饰

材料说明

1. 面料说明：衣身采用全棉针织双面布，领圈缝边包红色针织滚条
2. 辅料说明：领子采用白色横机罗纹，袖口采用色织横机罗纹，门襟、里襟使用黏合衬，装3粒珠光纽扣

工艺说明

1. 领、袖口横机缝合
2. 底边两侧做开衩，底边折边双针链缝
3. 肩部至袖口前后各压一条1cm宽撞色织带
4. 领子缝边包滚条

（二）材料分析

1. **面料分析**
2. **辅料分析**

想一想：全棉针织双面布有什么特点？

全棉针织双面布两面都是滑面，没有什么正反面之分，两面都可做正面使用。

拓展知识：全棉针织双面布两面都是滑面，更透气和快干，能保护皮肤，适合婴幼儿服装和高档成人 POLO 衫。

（三）工艺分析

1. **领子、袖口工艺处理方式**
2. **底边开衩工艺处理方式**
3. **肩部撞色拉条工艺处理方式**
4. **领子缝边的工艺处理方式**

二、尺寸规格设计

试一试：请自己先对该款式设计尺寸规格表，然后对照表 4-2 的尺寸规格表，分析主要部位尺寸设置的特点。

本款式为来样加工生产，尺码为客户提供，领口围 /2 是指领子不扣扣子时拉开后的一半围度，拉开后的领口围要大于头围，中间板采用身高为 100cm 的尺寸规格。

想一想：前后衣片领围尺寸为什么比罗纹领长尺寸大？

因为罗纹弹性很大，容易拉伸，领长裁短一点，容易与衣片缝制。

━━━ 流程二　服装制板 ━━━

一、结构制图

试一试：请根据样衣和订单尺寸进行结构制图。

注意先绘制后片，再绘制前片，中间板制作采用身高 100cm 的尺寸规格，如图 4-1 所示。

制图关键：

（1）前领开襟处理：前领开襟处从前横开领处加 0.5cm 缝边量。

（2）罗纹领、袖口的绘制：领片和袖口罗纹是横机制作，宽度固定，也可不用制板，只要确定所需长度。

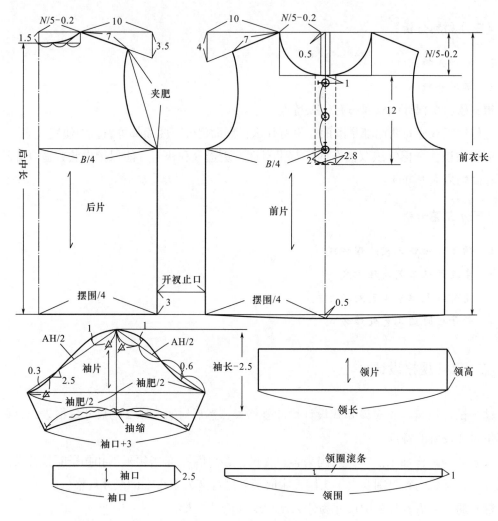

图 4-1　POLO 衫结构制图

想一想：为什么袖片袖口比罗纹袖口大 3cm ？

因为罗纹弹性很大，袖片袖口大 3cm 为缩缝量。

拓展知识：罗纹弹性很大，容易拉伸，在裁制时长度要比普通针织面料短一点。

二、样板制作

（一）复制样片

想一想：样片有哪些，一共有几片？

（1）后身：后片。

（2）前身：前片、门襟、里襟。

（3）袖子：袖片、袖口。

（4）领子：领片、领圈滚条。

共有 8 片。

（二）检查样片

想一想：需要检查的部位有哪些？

（1）长度检查：主要检查前、后侧缝；前、后小肩；前、后领圈与领；前、后袖窿与袖山弧线；前、后袖缝等，如图 4-2 所示。

（2）拼合检查：主要检查前、后领圈；前、后底边；前、后袖窿；前袖山底与前袖窿底；后袖山底与后袖窿底等，如图 4-2 所示。

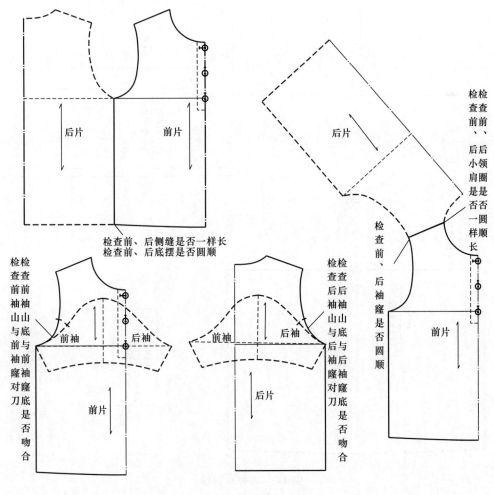

图 4-2　样片检查

（三）制作净样板

面料净样板制作如图 4-3 所示，将检验后的样片进行复制，作为小童翻领镶织带 POLO 衫的净样板。

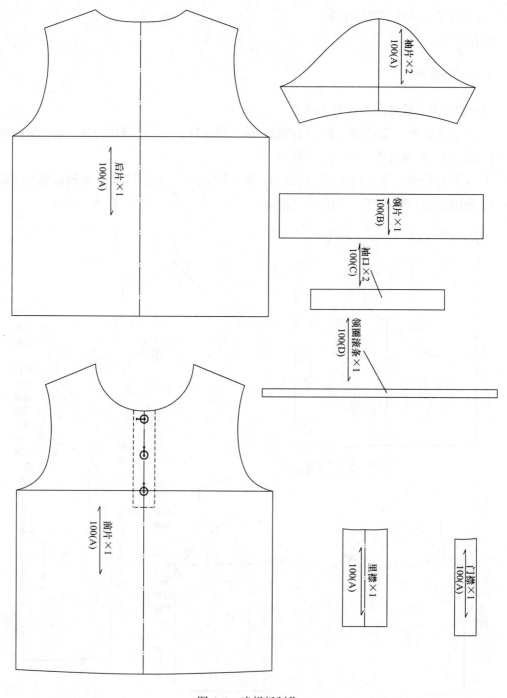

图4-3　净样板制作

（四）制作毛样板

面料毛样板制作如图4-4所示，在小童翻领镶织带POLO衫的净样板上，按图4-4所示各缝边的缝份进行加放。

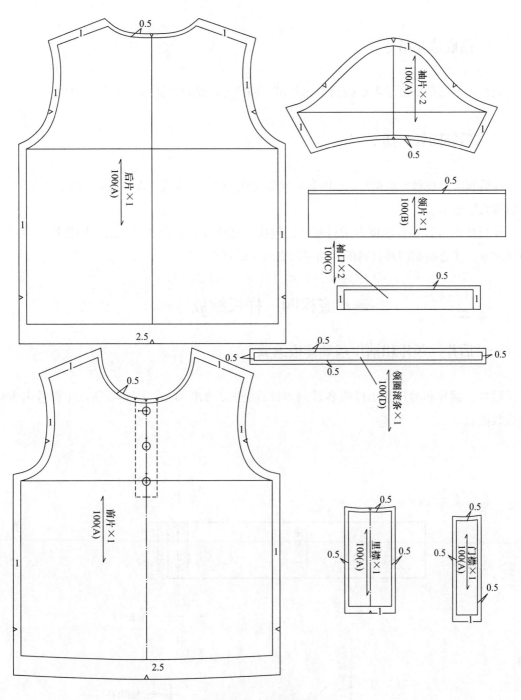

图4-4 毛样板制作

流程三 样板检验

小童翻领镶织带 POLO 衫款式样衣常见弊病和样板修正方法有以下内容。

一、前底边起吊

前底边下落量不足于满足腹凸量而起吊，调整方法是将底边前中下落量增加。

二、后领圈处起涌

在后领圈出现横兜状褶皱，原因是后领深太浅，后肩斜度大，调整方法是将后领深加大，将后肩斜度改小。

样板修正以后要对样板再进行复核，包括长度检查、拼合检查，加放即将投产原材料的回缩量，注意根据四种材料的回缩率调整对应的样板。

━━━ 流程四　样板缩放 ━━━

一、后片、领片和袖片基础样板缩放

后片、领片和袖片基础样板各放码点计算公式，如图4-5、图4-6所示（括号内为放码点数值）。

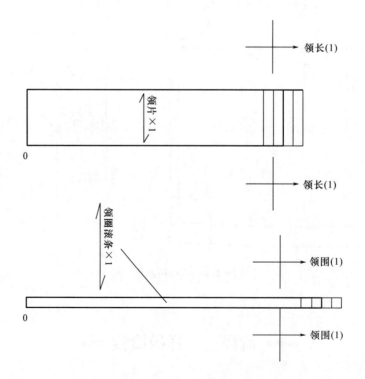

图4-5　领片基础样板缩放

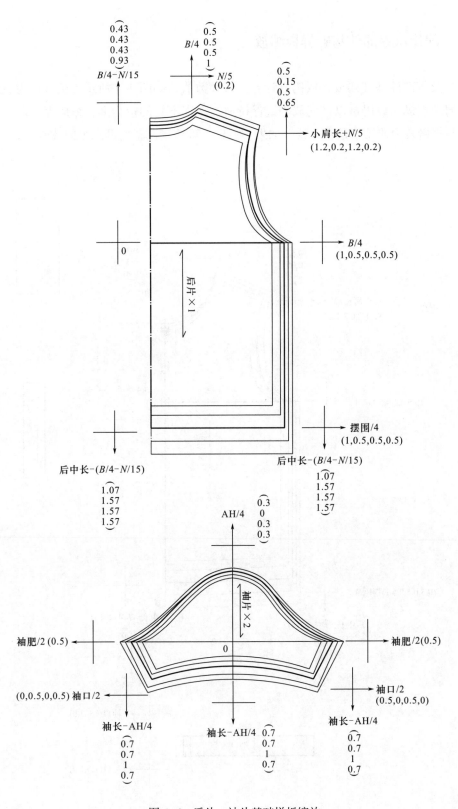

图4-6　后片、袖片基础样板缩放

二、前片及零部件基础样板缩放

前片及零部件基础样板各放码点计算公式和数值，如图 4-7 所示（括号内为放码点数值）。肩端点纵向放码量以横向放码完保持肩线斜度不变的量为准，缩放完以后要测量夹肥长度与规格表中的尺寸是否一致，如果不一致，可适当调整肩端点纵向放码量。

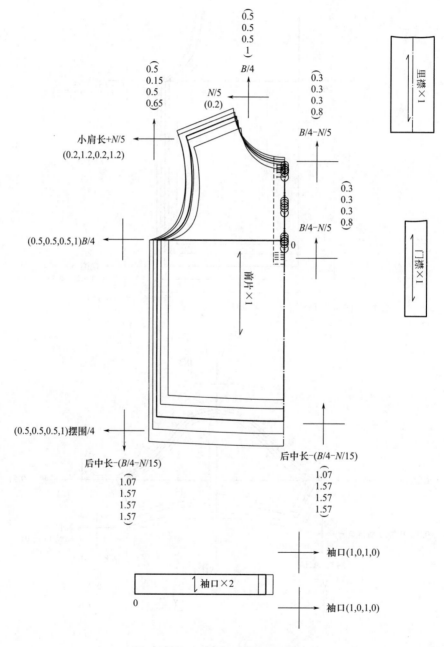

图 4-7　前片及零部件基础样板缩放

项目二　小童纯棉格子衬衫

━━ 流程一　服装分析 ━━

试一试：请认真观察表4-3所示的效果图，从以下几个方面对小童纯棉拼斜格子衬衫进行分析。

一、款式图分析（样衣分析）

（一）款式分析

1. 整体款式特点
2. 领子特点
3. 袖子特点
4. 开口特点
5. 底边特点
6. 肩部特点
7. 口袋特点

（二）材料分析

1. 面料分析
2. 辅料分析

想一想：贴襟、袖克夫、袋口为什么要另加牵条？

因为这些部件采用斜向格子，容易拉伸，加牵条可防止变形。

拓展知识：牵条一般通过粘合或缝合的方式固定服装的某些部位，使这些部位不易拉伸变形，多采用在一些经常活动容易拉伸变形的部位，如袋口、腰头、门襟、袖口、袖窿、肩缝等。

（三）工艺分析

1. 底边、短袖袖口、袋口工艺处理方式
2. 门里襟工艺处理方式
3. 长袖开衩工艺处理方式

表4-3　小童纯棉格子衬衫产品设计订单（一）

编号	TZ-402	品名	小童纯棉格子衬衫	季节	春夏季

正视图

背视图

效果图

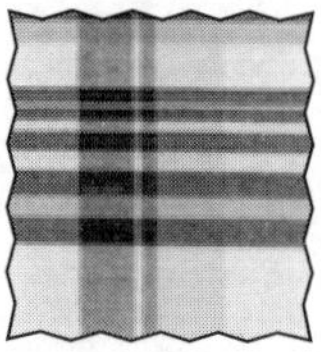

面料A

面料B

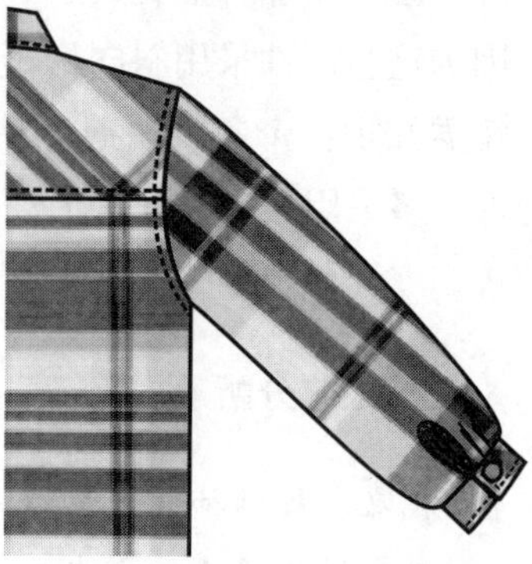

长袖细节图

表4-4 小童纯棉格子衬衫产品设计订单（二）

编号	TZ-402	品名	小童纯棉格子衬衫		季节	春夏季
尺寸规格表（单位：cm）						

部位 ＼ 身高	80	90	100	110	120
前衣长（从肩颈点量）	38	40	42	44	46
肩宽	27	27.5	28	28.5	29
胸围/2	32	33	34	35	36
摆围/2	32	33	34	35	36
袖长(短袖)	9.5	10.5	11.5	12.5	13.5
袖口/2	12.5	13	13.5	14	14.5
领围	30	30.5	31	31.5	32
后底领高	2	2	2	2	2
后翻领宽	3.5	3.5	3.5	3.5	3.5
袖长（长袖不含袖克夫）	31	32.5	34	35.5	37
袖克夫长	17	17.5	18	18.5	19
袖克夫高	3	3	3	3	3

款式说明

1. 整体款式特点：为直身型
2. 领子特点：普通立翻领
3. 袖子特点：普通一片式短袖（普通一片式长衬衫袖，袖口开衩收两个褶裥，装袖克夫，钉1粒扣）
4. 开口特点：前门襟开口，贴襟，钉5粒纽扣
5. 底边特点：底边呈弧状
6. 肩部特点：双层过肩育克
7. 口袋特点：带袋盖的普通圆弧形贴袋

材料说明

1. 面料说明：采用纯棉格子机织布，贴袋、贴襟、过肩育克、袖克夫用斜向格子，袋盖用单染色棉布
2. 辅料说明：底领、领面、贴襟、袖克夫、袋口使用直纱黏合衬，贴襟、袖克夫、袋口另加直纱牵条，门襟、袖克夫、袋盖共钉9粒配色纽扣

工艺说明

1. 底边卷边缝，短袖袖口、袋口折边缝
2. 门里襟都做贴襟压单明缉线0.15cm宽
3. 长袖开衩包滚条

想一想：卷边缝和折边缝主要有什么相同和不同之处？

卷边缝和折边缝都是三折边后缉明线，卷边缝缝边量比较小，适合于处理荷叶边、波浪边、弧形底边等，折边缝缝边量比较大，适合较平直的底边、裤口、袖口、袋口等，同时折边缝还能起加固的作用。

拓展知识：折边缝份不完全三折缝和完全三折缝，前者适用于不透明较厚的面料，后者适用于透明较薄的面料。

二、尺寸规格设计

试一试：请自己先对该款式设计尺寸规格表，然后对照表4-4的尺寸规格表，分析主要部位尺寸设置的特点。

衬衫肩宽、胸围和摆围的加放量较大，儿童衬衫领一般宜松不宜紧，领围加放量在2cm以上，袖子分短袖和长袖分别设置，中间板采用身高为100cm的尺寸规格。

想一想：儿童立翻领的底领高和后领高尺寸设计时要注意什么问题？

儿童脖子较短小，立翻领的后底领高和后翻领宽尺寸要注意设置小一点，这也适用于其他品种领子的尺寸设计。

━━━ 流程二 服装制板 ━━━

一、结构制图

试一试：请采用原型法进行结构制图（灰色部分为原型），中间板制作采用身高100cm的尺寸规格。注意先绘制后片，再在后片的基础上绘制前片。

（一）前后片、领片和短袖结构制图（图4-8）

制图关键：

（1）前片腰节线处理：该款式为宽松型，原型前片腰节要比后片下降1cm，减小腹凸量。

（2）前后肩处理：前后肩一起抬高0.5cm，作为袖窿松量。

（3）前后袖窿深线处理：后袖窿深在原型的基础上至少下降1.5cm为活动量，前袖窿深下降与后袖窿深平齐。

（4）前后领圈处理：在原型基础上增加前后横开领和直开领，绘制前后领圈，前后领圈长度要调整至与领围尺寸一致。

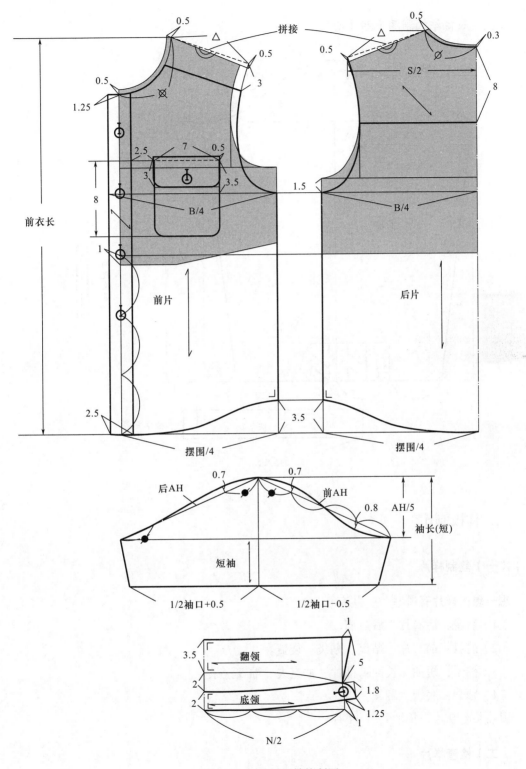

图 4-8 短袖衬衫结构制图

（二）长袖结构制图（图4-9）

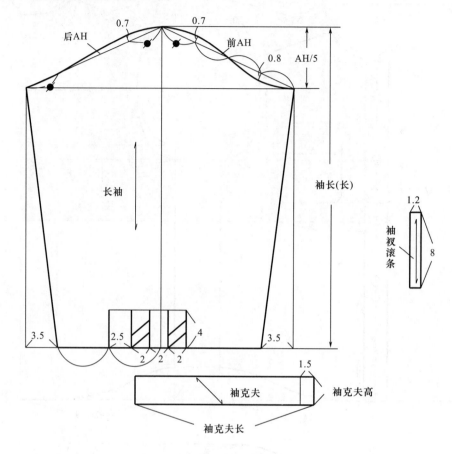

图4-9 长袖结构制图

二、样板制作

（一）复制样片

想一想：样片有哪些，一共有几片？

（1）后身：后衣片、后过肩。

（2）前身：前衣片、贴襟、贴袋、袋盖。

（3）袖子：短袖（长袖：袖片、袖克夫、袖衩滚条）。

（4）领子：底领、翻领。

短袖共有9片，长袖共有11片。

（二）检查样片

想一想：需要检查的部位有哪些？

（1）长度检查：主要检查前、后侧缝；前、后小肩；前、后领圈与底领；前、后袖窿与袖山弧线；前、后袖缝等，如图4-10所示。

（2）拼合检查：主要检查前、后领圈；前后、底边；前、后袖窿；前袖山底与前袖窿底；后袖山底与后袖窿底；前领圈与底领、翻领等，如图4-10所示。

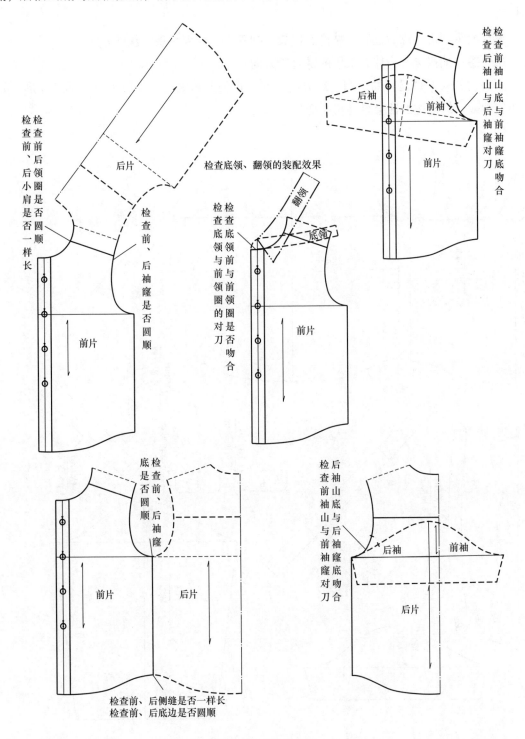

图4-10 样片检查

（三）制作净样板

面料净样板制作如图 4-11 所示，将检验后的样片进行复制，作为小童纯棉格子衬衫的净样板。

重点提示：请注意后过肩、贴襟、口袋、袖克夫、袖衩滚条的丝缕方向。

想一想：袖衩滚条为什么采用的是直纱方向？

因为袖开衩开口是直的，用直纱方向的滚条可使开口滚边后保持平整，不易变形，如果用斜纱或纬纱滚边的话会容易扭曲变形。

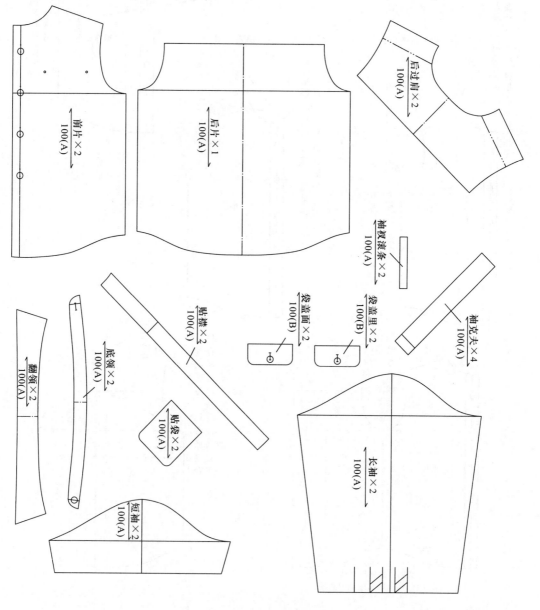

图 4-11　净样板制作

（四）制作毛样板

面料毛样板制作如图 4–12 所示，在小童纯棉格子衬衫的净样板上，按图 4–12 所示各缝边的缝份进行加放。

重点提示：请注意底领、翻领和前后领圈只加放 0.8cm。

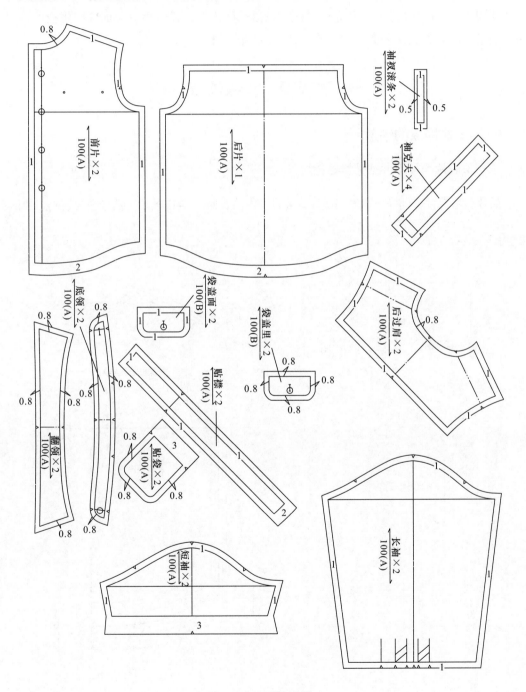

图 4–12　毛样板制作

━━━ 流程三　样板检验 ━━━

　　小童纯棉格子衬衫款式样衣常见弊病有：在后领圈出现横兜状皱纹，原因是后领深太浅，后肩斜度大。调整方法是将后领深加大，将后肩斜度改小。

　　样板修正以后要对样板再进行复核，包括长度检查、拼合检查，加放即将投产原材料的回缩量，注意根据两种面料的回缩率调整对应的样板。

━━━ 流程四　样板缩放 ━━━

一、基础样板的缩放

（一）后片和零部件基础样板缩放

后片和零部件基础样板各放码点计算公式和数值，如图 4-13 所示（括号内为放码点数值）。

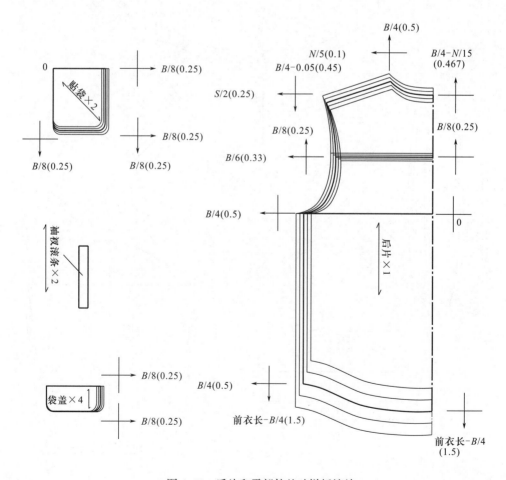

图 4-13　后片和零部件基础样板缩放

（二）前片、领片和袖克夫基础样板缩放

前片、领片和袖克夫基础样板各放码点计算公式和数值，如图4-14所示（括号内为放码点数值）。

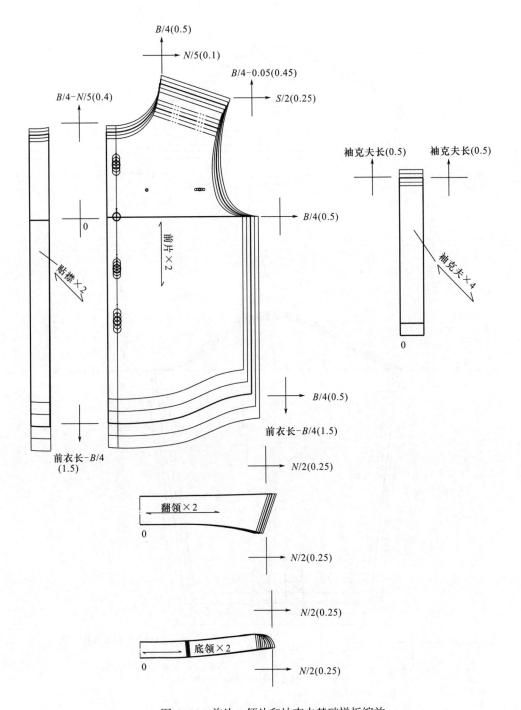

图4-14　前片、领片和袖克夫基础样板缩放

（三）袖片基础样板缩放

袖片基础样板各放码点计算公式和数值，如图 4-15 所示（括号内为放码点数值）。

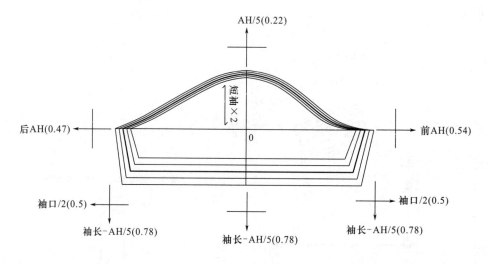

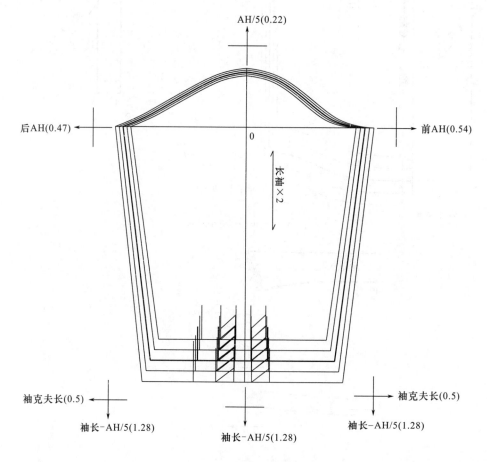

图 4-15　袖片基础样板缩放

二、前后片及后过肩系列样板

前后片缩放完，再分别取出前后育克拼接成后过肩，完成后的前后片及后过肩系列样板如图4-16所示。

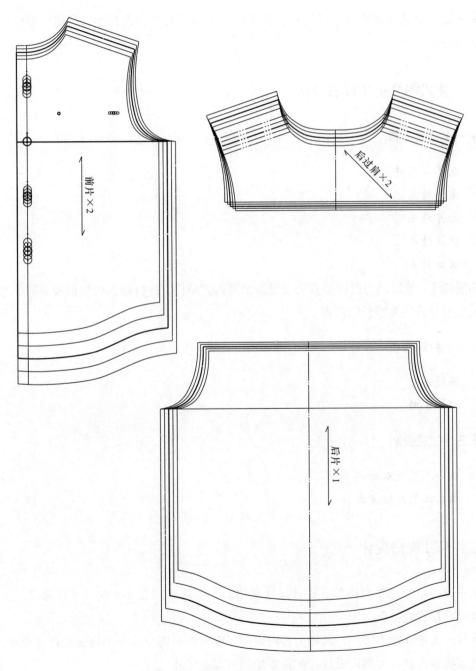

图4-16 前后片及后过肩系列样板

项目三　小童拼格子罗纹腰头休闲裤

━━━ 流程一　服装分析 ━━━

试一试：请认真观察表4-5所示的效果图，从以下几个方面对小童拼格子罗纹腰头休闲裤进行分析。

一、款式图分析（样衣分析）

（一）款式分析

1. 整体款式特点
2. 前片特点
3. 后片特点
4. 腰头特点
5. 裤口特点

拓展知识：裤口翻边设计是童装常见的服装款式结构，裤脚翻边可根据需要翻上翻下，以满足儿童身高快速增长的需要。

（二）材料分析

1. 面料分析
2. 辅料分析

（三）工艺分析

1. 腰头工艺处理方式
2. 裤口工艺处理方式

二、尺寸规格设计

试一试：请自己先对该款式设计尺寸规格表，然后对照表4-6的尺寸规格表，分析主要部位尺寸设置的特点。

本款式为来样加工生产，尺码为客户提供，中间板采用身高为110cm的尺寸规格。

重点提示：裤口为翻边设计，裤长要加翻边宽度尺寸。

表4-5　小童拼格子罗纹腰头休闲裤产品设计订单（一）

编号	TZ-403	品名	小童拼格子罗纹腰头休闲裤	季节	春夏季

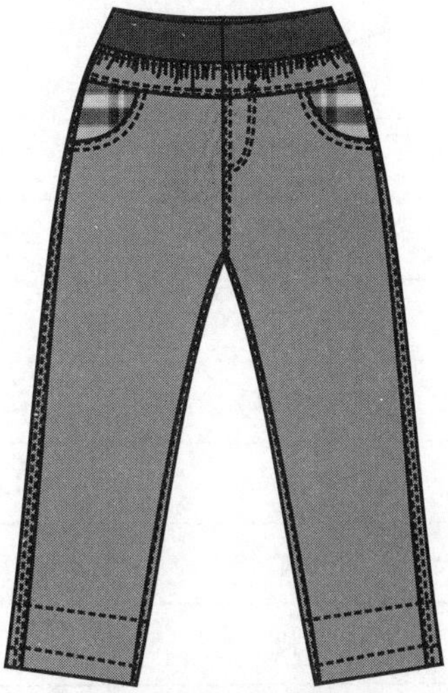

正视图

背视图

效果图

面料A 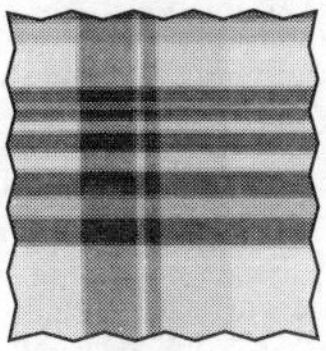　　　面料B　　　面料C

表4-6 小童拼格子罗纹腰头休闲裤产品设计订单（二）

编号	TZ-403	品名	小童拼格子罗纹腰头休闲裤		季节	春夏季
尺寸规格表（单位：cm）						

部位 ＼ 身高	100	105	110	115	120
裤长	57	60	64	68	72
腰围(松紧)	56	60	64	66	68
臀围	76	80	84	86	88
上裆(含腰头)	24	25	26	27	28
裤口宽	15.5	16	16.5	17	17.5
袋口宽	13	13.5	14	14	14
袋口长	13	13.5	14	14	14
罗纹腰头宽	3.5	3.5	3.5	3.5	3.5

款式说明

1. 整体款式特点：裤腿呈直筒型
2. 前片特点：前裤片肩克分割，肩克下两个月亮袋，前中开口装门襟拉链
3. 后片特点：后裤片肩克分割，再拼接弧形格子布，左边一个贴袋，右边一个卡通图案布绣装饰
4. 腰头特点：接罗纹布装松紧带
5. 裤口特点：裤口翻格子布边

材料说明

1. 面料说明：裤身主要采用纯棉卡其布，后育克、裤口贴边、前袋布用格子布
2. 辅料说明：腰头用罗纹布，装1英寸宽松紧带，门襟装普通尼龙拉链，前袋口、前后育克、后拼接使用1cm宽直纱牵条，后贴袋口使用3cm宽黏合衬

工艺说明

1. 腰头单针链缝
2. 裤口贴边缉压裤口翻边
3. 前后育克、后拼接、前后窿门、前口袋、门襟缉压双明线

流程二　服装制板

一、结构制图

试一试： 请根据样衣和订单尺寸进行结构制图，中间板制作采用身高110cm的尺寸

规格。

　　注意先画前裤片，后裤片再在前裤片的基础上绘制（灰色部分为前裤片），如图4-17所示。

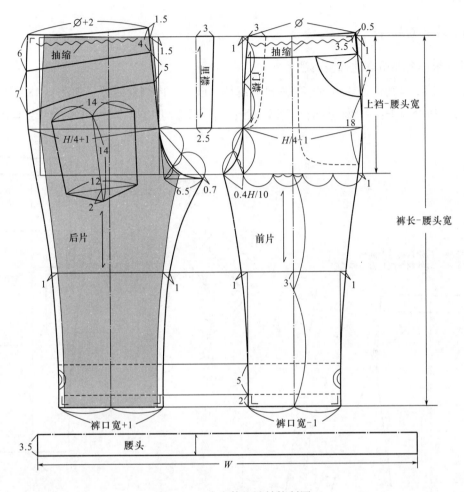

图4-17　小童休闲裤结构制图

制图关键：

（1）前后片裤口、前后外侧腰口直角化处理。

（2）翻边绘制：翻边裤口是在折边量2cm的基础上再向上5cm的宽度量。

拓展知识： 翻边裤口从裤脚到翻边上面部分要保持直筒状，才能使裤脚容易翻折。

二、样板制作

（一）复制样片

想一想： 样片有哪些，一共有几片？

（1）后身：后片、后育克、后拼接、后贴袋。

（2）前身：前片、前育克、袋前布、袋后布、门襟、里襟。

（3）零部件：裤口翻边、腰头。

共有 12 片。

（二）检查样片

想一想：需要检查的部位有哪些？

（1）长度检查：主要检查前、后外侧缝线；前、后内侧缝线等，如图 4-18 所示。

（2）拼合检查：主要检查前、后腰口线；前、后窿门；前、后裤口等，如图 4-18 所示。

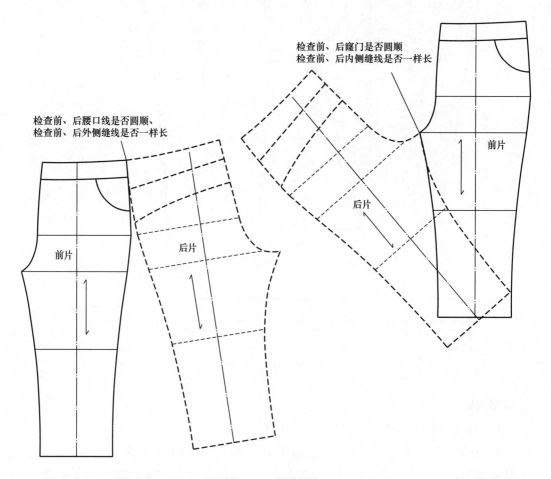

检查前、后窿门是否圆顺
检查前、后内侧缝线是否一样长

检查前、后腰口线是否圆顺、
检查前、后外侧缝线是否一样长

图 4-18　样片检查

（三）制作净样板

面料净样板制作如图 4-19 所示，将检验后的样片进行复制，作为小童拼格子罗纹腰头休闲裤的净样板，注意采用三种面料要标注准确。

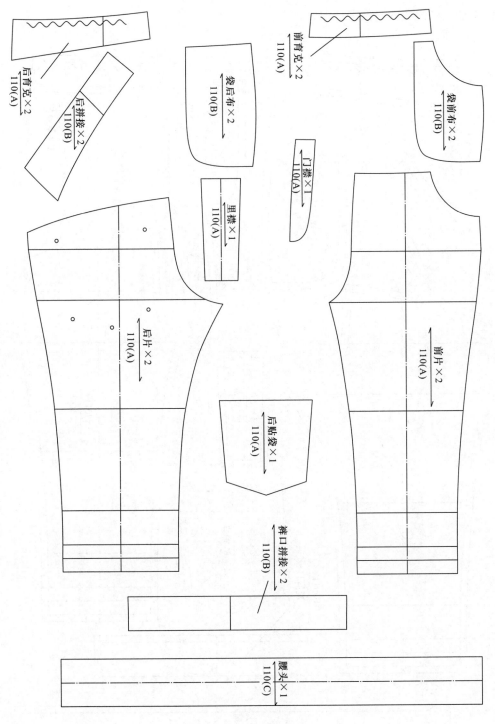

图 4-19　净样板制作

（四）制作毛样板

面料毛样板制作，如图 4-20 所示，在小童拼格子罗纹腰头休闲裤的净样板上，按

图 4-20 所示各缝边的缝份进行加放。

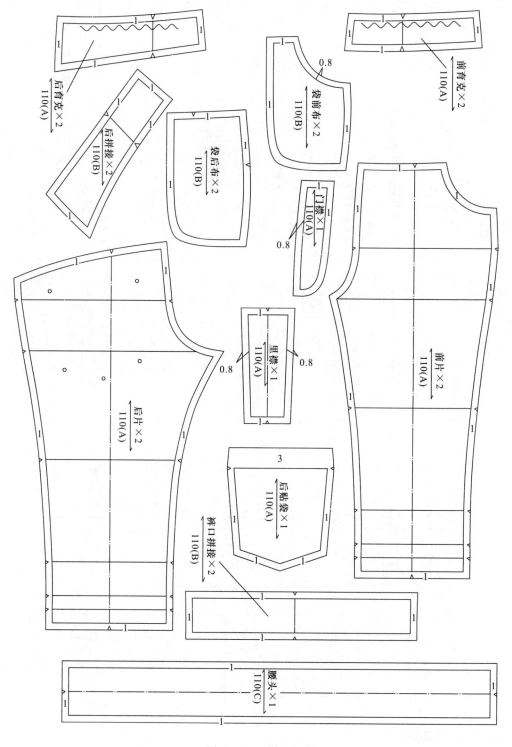

图 4-20 毛样板制作

流程三　样板检验

小童拼格子罗纹腰头休闲裤款式样衣常见弊病和样板修正方法有以下内容。

一、后裆下垂

在臀部形成下垂状的褶皱，原因是后裆斜大并且后翘高。调整方法是将后裤片后裆斜减小，后翘降低。

二、后裆缝腰口起涌

在后裆缝腰口出现横兜状褶皱，原因是后翘太高。调整方法是将后裤片的后翘降低。

三、前横裆起涌

前小裆太大，在前裆的位置出现横兜状褶皱，调整方法是将前小裆宽减少并修改上裆。

样板修正以后要对样板再进行复核，包括长度检查、拼合检查，加放即将投产原材料的回缩量，注意根据三种材料的回缩率调整对应的样板。

流程四　样板缩放

一、基础样板的缩放

（一）后片和零部件基础样板缩放

后片和零部件基础样板各放码点计算公式和数值，如图 4-21 所示（括号内为放码点数值）。

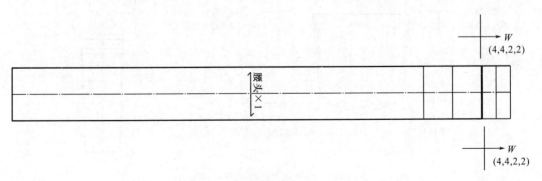

图 4-21

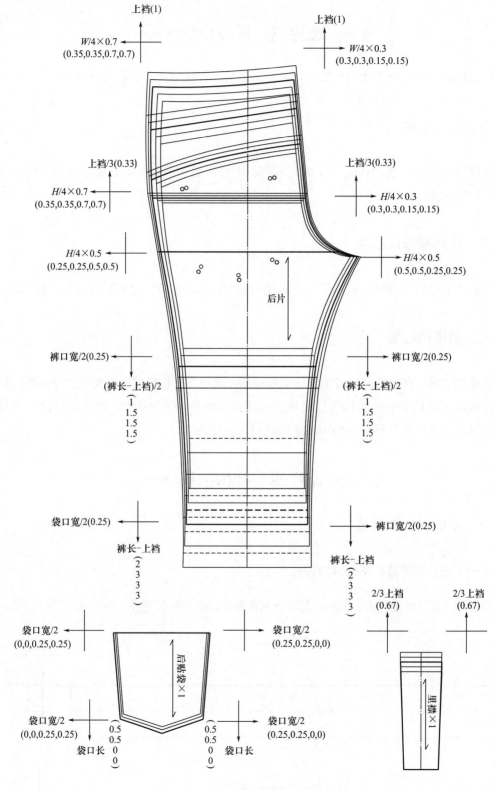

上档(1)

W/4×0.7
(0.35,0.35,0.7,0.7)

上档(1)

W/4×0.3
(0.3,0.3,0.15,0.15)

上档/3(0.33)

H/4×0.7
(0.35,0.35,0.7,0.7)

上档/3(0.33)

H/4×0.3
(0.3,0.3,0.15,0.15)

H/4×0.5
(0.25,0.25,0.5,0.5)

H/4×0.5
(0.5,0.5,0.25,0.25)

后片

裤口宽/2(0.25)

裤口宽/2(0.25)

(裤长−上档)/2
（1
1.5
1.5
1.5
）

(裤长−上档)/2
（1
1.5
1.5
1.5
）

袋口宽/2(0.25)

裤口宽/2(0.25)

裤长−上档
（2
3
3
3
）

裤长−上档
（2
3
3
3
）

2/3上档
(0.67)

2/3上档
(0.67)

袋口宽/2
(0,0,0.25,0.25)

袋口宽/2
(0.25,0.25,0,0)

后贴袋×1

里襟×1

袋口宽/2
(0,0,0.25,0.25)

0.5
0.5
0
0
袋口长

0.5
0.5
0
0
袋口长

袋口宽/2
(0.25,0.25,0,0)

图4-21 后片和零部件基础样板缩放

（二）前片基础样板缩放

前片基础样板各放码点计算公式和数值，如图4-22所示（括号内为放码点数值）。

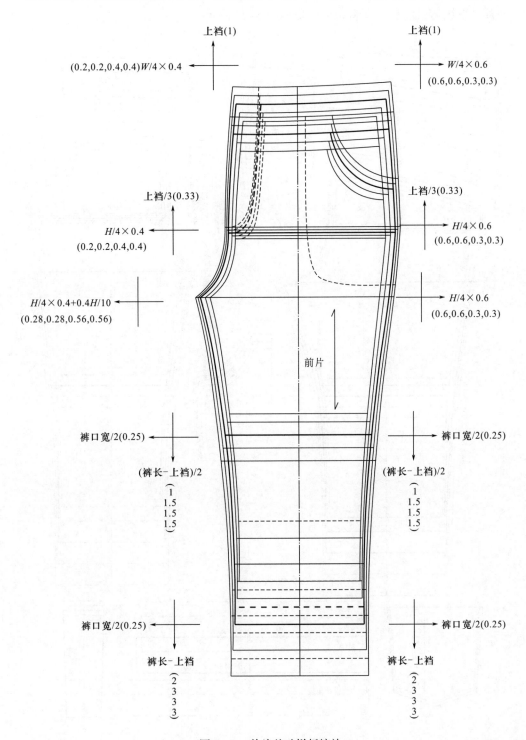

图4-22 前片基础样板缩放

二、前后片面料系列样板

各部件取出后，前后片面料系列样板如图4-23所示。

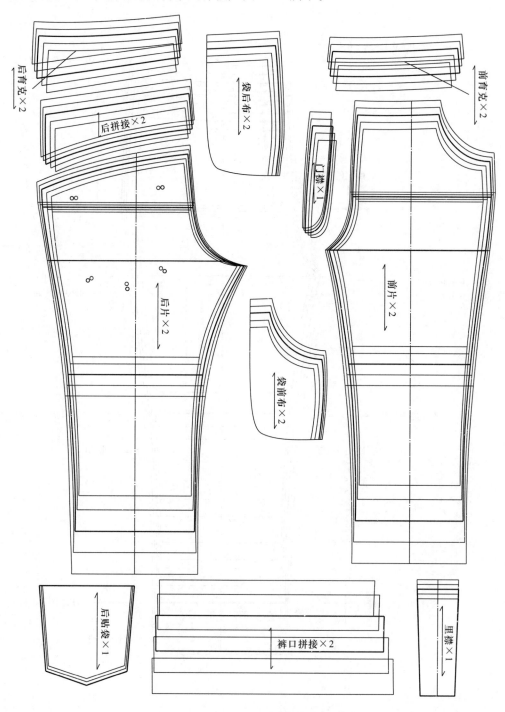

图4-23　前后片及零部件样板缩放

项目四 小童拼格子带帽外套

━━ 流程一 服装分析 ━━

试一试：请认真观察表4-7所示的效果图，从以下几个方面对小童拼格子带帽外套进行分析。

一、款式图分析（样衣分析）

（一）款式分析

1. 整体款式特点
2. 领子特点
3. 袖子特点
4. 开口特点
5. 肩部特点
6. 口袋特点

（二）材料分析

1. 面料分析
2. 辅料分析

（三）工艺分析

1. 整体工艺处理方式
2. 口袋、袋贴布、袋盖、袖贴布工艺处理方式

二、尺寸规格设计

试一试：请自己先对该款式设计尺寸规格表，然后对照表4-8的尺寸规格表，分析主要部位尺寸设置的特点。

本款式为来样加工生产，尺码为客户提供，中间板采用身高为100cm的尺寸规格。

表4-7 小童拼格子带帽外套产品设计订单（一）

编号	TZ-404	品名	小童拼格子带帽外套	季节	秋冬季

正视图

面料A

面料B

里料

背视图

效果图

表4-8 小童拼格子带帽外套产品设计订单（二）

编号	TZ-404	品名	小童拼格子带帽外套		季节	秋冬季

尺寸规格表（单位：cm）

部位 ＼ 身高	80	90	100	110	120
后中长	33	35	37	39	41
小肩宽	8	8.5	9	9.5	10
胸围/2	33.5	35.5	37.5	39.5	41.5
摆围/2	33.5	35.5	37.5	39.5	41.5
夹肥	17.5	18	19	20	20.5
袖长（不含袖克夫）	20	21	23.5	25.5	28
袖口/2	8.5	9	9.5	10	10.5
袖克夫宽	3.5	3.5	3.5	3.5	3.5
后领深	1.5	1.5	1.5	1.5	2
前领深	4	4	4.5	4.5	4.5
后领宽	13	13.5	14	14.5	15
前袋宽	12	12	13	13	14
前袋高	11	11	12	12	13
帽长	24.5	25	25.5	26	26.5
帽宽	19.5	20	20.5	21	21.5
后中高	9	10	10	11	11
后育克高	2.5	3	3	4	4
前育克高	9	10	10	11	11
袋盖宽	4	4	4	4	4
袋盖长	9.5	9.5	10.5	10.5	11.5
贴袋高	9.5	9.5	10.5	10.5	11.5
袖贴布长	8	8	8.5	8.5	9
袖贴布宽	6	6	6.5	6.5	7

款式说明

1. 整体款式特点：为直身型，前身横向分割，后身拼两块育克分割
2. 领子特点：普通两片式带伸缩筒连帽领
3. 袖子特点：普通一片袖，袖臂贴装饰布，袖口接袖克夫
4. 开口特点：前门襟对襟开口，做里襟，装三对牛角扣
5. 肩部特点：后过肩育克
6. 口袋特点：右边袋贴布上加贴带袋盖的三片式方斜角口袋，左边为带袋盖的方斜角口袋

材料说明
1. 面料说明：衣身、袖身、帽子、里襟主要采用羊毛混纺面料，口袋、后过肩、育克、袖贴布、袋贴布采用全棉格子布 　2. 辅料说明：涤纶里料，挂面、后领贴边、袖克夫、袋盖、袋口使用黏合衬，三对配色布牛角扣，帽子带抽绳和伸缩筒，袋盖装魔术贴
工艺说明
1. 做全里，底边缉压双明线 2. 口袋、袋贴布缉压单明线，袋盖、袖贴布缉压双明线，袖口装袖克夫缉压单明线

流程二　服装制板

一、结构制图

试一试：请根据样衣和订单尺寸进行结构制图，中间板制作采用身高 100cm 的尺寸规格。

（一）前后片结构制图（图 4-24）

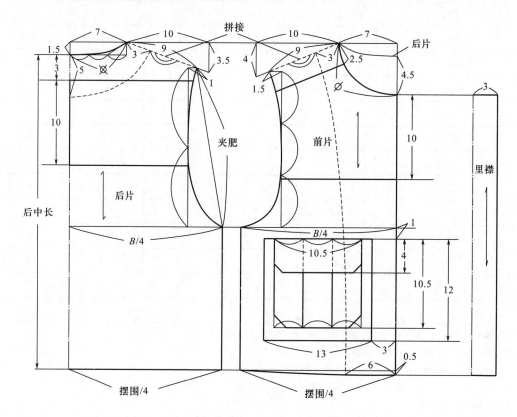

图 4-24　小童外套前后片结构制图

（二）袖片结构制图（图4-25）

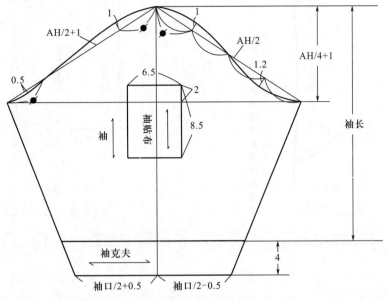

图4-25 袖片结构制图

（三）帽子结构制图

帽子独立式制图方法如图4-26所示，制图后要将帽子放在衣身上检查配置效果，如图4-27所示。也可采用的依托衣身制图的方法，如图4-28所示。

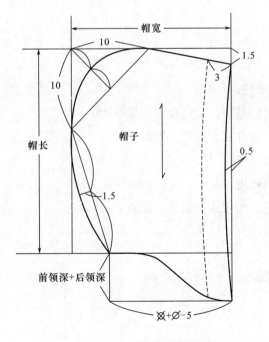

图4-26 帽子结构制图

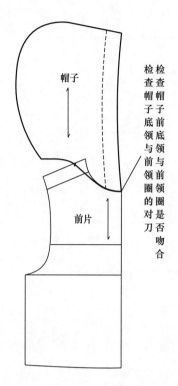

检查帽子底领与前领圈的对刀

检查帽子前底领与前领圈是否吻合

图4-27　帽子样板检查

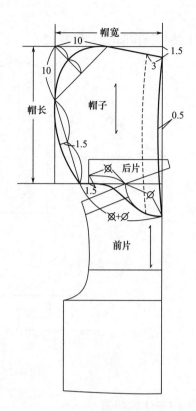

图4-28　帽子依托衣身法制图

二、样板制作

（一）复制样片

1. 复制面料样片

想一想：面料样片有哪些，一共有几片？

（1）后身：后衣片、后过肩、后育克、后领贴边。

（2）前身：前衣片、前育克、里襟、挂面。

（3）袖子：袖片、袖克夫。

（4）帽子：帽片、帽贴边。

（5）零部件：贴袋中、贴袋侧、袋盖、前袋、袖贴布。

共有17片。

2. 复制里料样片

想一想：里料样片有哪些，一共有几片？

（1）后身：后衣片。

（2）前身：前衣片。

（3）袖子：袖片。

（4）帽子：帽片。

共有 4 片。

（二）检查样片

想一想：需要检查的部位有哪些？

（1）长度检查：主要检查前、后侧缝；前、后小肩；前、后领圈与帽领线；前、后袖窿与袖山弧线；前、后袖缝等，如图 4-29 所示。

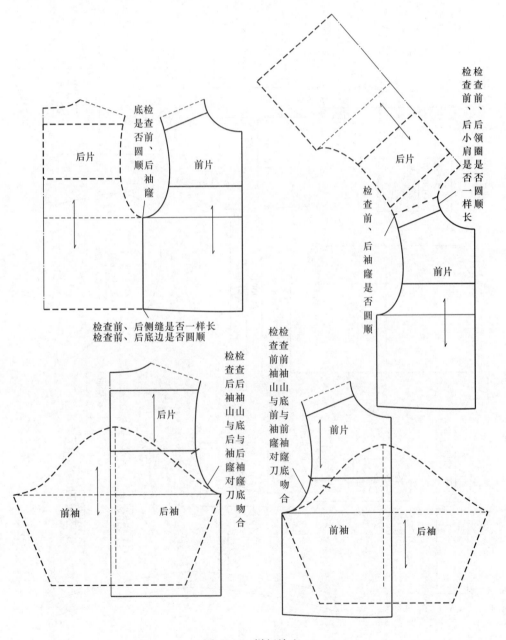

图 4-29　样板检查

（2）拼合检查：主要检查前、后领圈；前、后底边；前、后袖窿；前、后袖窿底；前袖山底与前袖窿底；后袖山底与后袖窿底；前领圈与帽领线等，如图4-29所示。

（三）制作净样板

1. 制作面料净样板

面料净样板制作如图4-30所示，将检验后的样片进行复制，作为小童拼格子带帽外套的净样板。

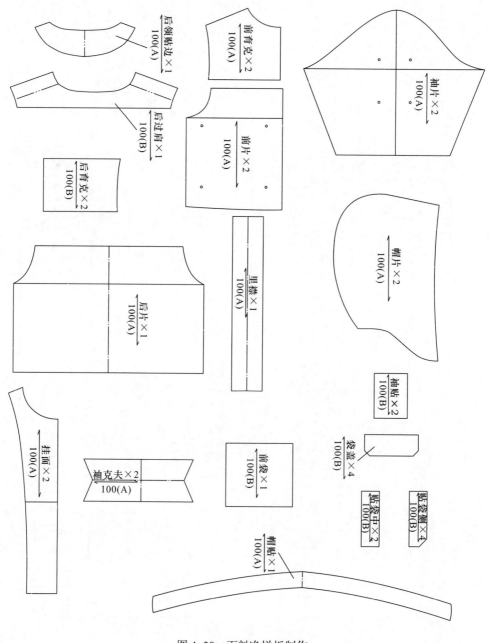

图4-30　面料净样板制作

2. 制作里料净样板

里料净样板制作如图 4-31 所示，将检验后的样片进行复制，作为小童拼格子带帽外套的里料净样板。

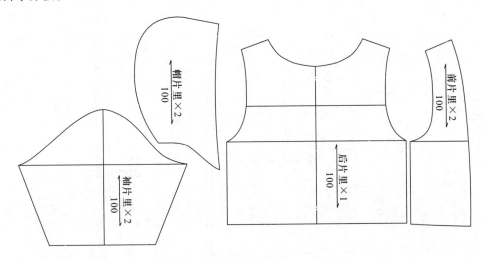

图 4-31　里料净样板制作

（四）制作毛样板

1. 制作里料毛样板

里料毛样板制作如图 4-32 所示，在小童拼格子带帽外套的里料净样板上，按图 4-32 所示各缝边的缝份进行加放。

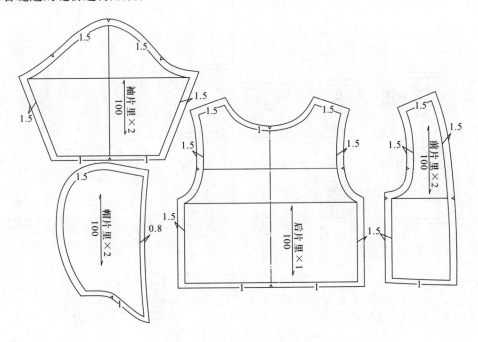

图 4-32　里料毛样板制作

2. 制作面料毛样板

面料毛样板制作如图 4–33 所示，在小童拼格子带帽外套的面里料净样板上，按图 4–33 所示各缝边的缝份进行加放。

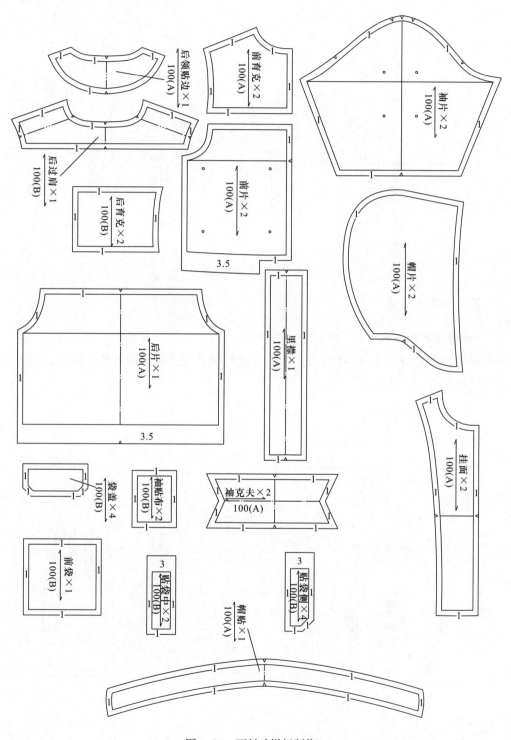

图 4–33　面料毛样板制作

流程三 样板检验

小童拼格子带帽外套款式样衣常见弊病和样板修正方法有以下内容。

一、前底边会起吊

前底边下落量不足于满足腹凸量，调整方法是将底边前中下落量增加。

二、后领圈处起涌

在后领圈出现横兜状褶皱，原因是后领深太浅，后肩斜度大，调整方法是将后领深加大，将后肩斜度改小。

样板修正以后要对样板再进行复核，包括长度检查、拼合检查，加放即将投产原材料的回缩量，注意根据三种材料的回缩率调整对应的样板。

流程四 样板缩放

一、基础样板的缩放

（一）后片和零部件基础样板缩放

后片和零部件基础样板各放码点计算公式和数值，如图4-34所示（括号内为放码点数值）。

重点提示：各分割片、里料样片取出前进行前后片缩放。

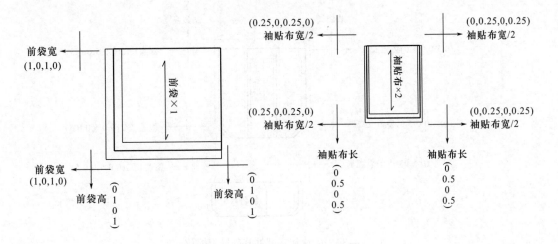

图4-34

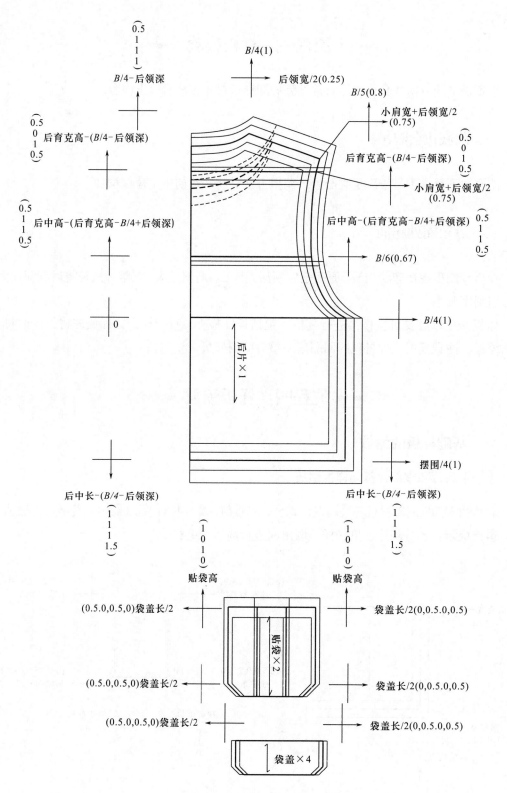

$B/4(1)$

后领宽/2(0.25)

$B/4-$后领深

$\binom{0.5}{1 \; 1 \; 1}$

$\binom{0.5 \; 0}{1 \; 0} \atop 0.5$ 后育克高$-(B/4-$后领深$)$

$B/5(0.8)$

小肩宽$+$后领宽/2
(0.75)

后育克高$-(B/4-$后领深$)$ $\binom{0.5 \; 0}{1 \; 0} \atop 0.5$

小肩宽$+$后领宽/2
(0.75)

$\binom{0.5}{1 \; 1} \atop 0.5$ 后中高$-($后育克高$-B/4+$后领深$)$

后中高$-($后育克高$-B/4+$后领深$)$ $\binom{0.5}{1 \; 1} \atop 0.5$

$B/6(0.67)$

0

后片×1

$B/4(1)$

摆围/4(1)

后中长$-(B/4-$后领深$)$
$\binom{1}{1 \; 1} \atop 1.5$

后中长$-(B/4-$后领深$)$
$\binom{1}{1 \; 1} \atop 1.5$

$\binom{1 \; 0}{1 \; 0} \atop 0$ 贴袋高

$\binom{1 \; 0}{1 \; 0} \atop 0$ 贴袋高

$(0.5.0,0.5,0)$袋盖长/2

袋盖长/2$(0,0.5.0,0.5)$

贴袋×2

$(0.5.0,0.5,0)$袋盖长/2

袋盖长/2$(0,0.5.0,0.5)$

$(0.5.0,0.5,0)$袋盖长/2

袋盖长/2$(0,0.5.0,0.5)$

袋盖×4

图4-34 后片和零部件基础样板缩放

（二）前片和里襟基础样板缩放

前片和里襟基础样板各放码点计算公式的数值，如图4-35所示（括号内为放码点数值）。

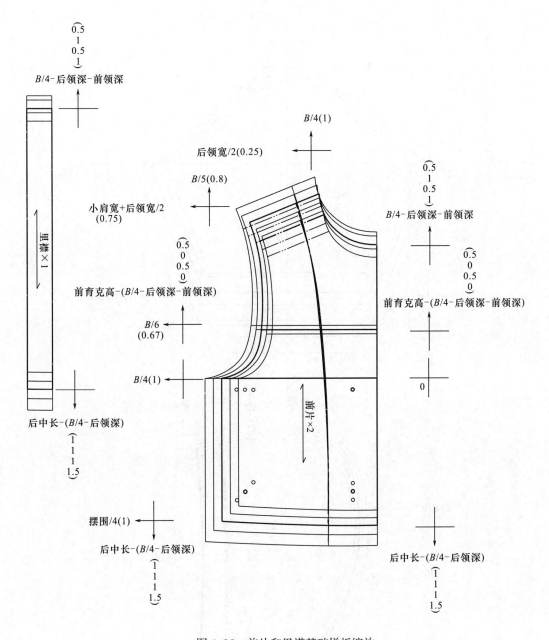

图4-35 前片和里襟基础样板缩放

（三）袖片和帽片基础样板缩放

袖片和帽片基础样板各放码点计算公式和数值，如图4-36所示（括号内为放码点数值）。

重点提示：袖克夫、帽贴边分割取出前进行缩放。

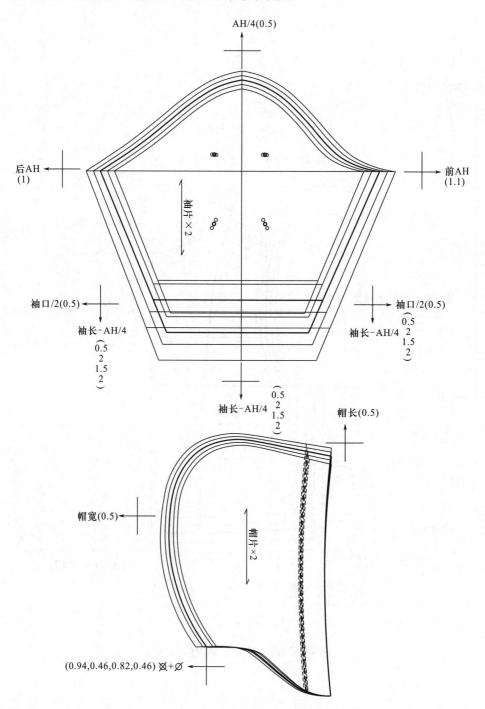

图 4-36　袖片和帽片基础样板缩放

二、面料系列样板

各分割片取出后，面料系列样板如图4-37所示。

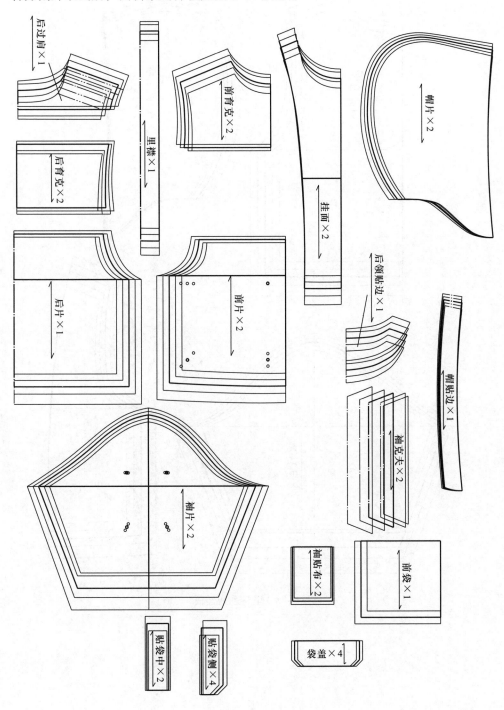

图4-37 面料系列样板

三、里料系列样板（图4-38）

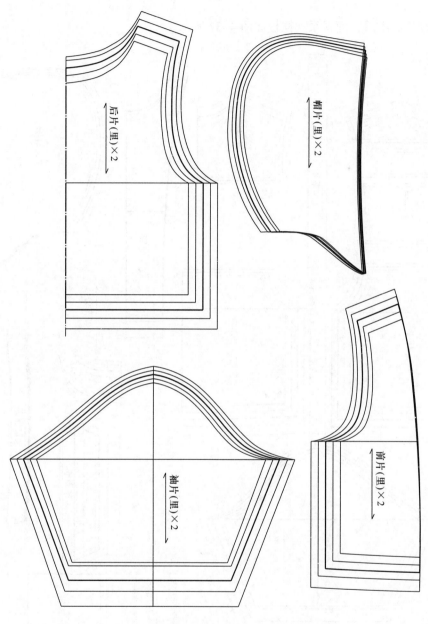

图4-38　里料系列样板

模块五 8～12岁童装制板

学习目标

1. 认识 8～12 岁童装常见品种和结构特点。
2. 掌握 8～12 岁儿童上衣、裙子、裤子各款式童装的制板方法和流程。
3. 掌握 8～12 岁儿童样板号型规格设置与放码规律。

学习重点

1. 8～12 岁男童与女童服装板样结构处理的异同性。
2. 8～12 岁童装不同厚度面料与板样各部位放松量处理关系。
3. 8～12 岁童装在满足生理与心理需求方面成人化因素对板样结构和板型处理的影响。

项目一 男中童松紧裤口背带裤

—— 流程一 服装分析 ——

试一试：请认真观察表 5-1 所示的效果图，从以下几个方面对男中童松紧裤口背带裤进行分析。

一、款式图分析（样衣分析）

（一）款式分析

1. 整体款式特点
2. 背带特点
3. 腰头特点
4. 口袋特点
5. 裤口特点

拓展知识：背带裤是童装常见的款式种类，为满足 8～12 岁这一年龄段孩子身高快速增长的需求，背带通常有松紧带或调节扣，可根据需要调整长短，背带长度尺寸都要设置大一点。

表5-1　男中童松紧裤口背带裤产品设计订单（一）

编号	TZ-501	品名	男中童松紧裤口背带裤	季节	秋冬季

效果图

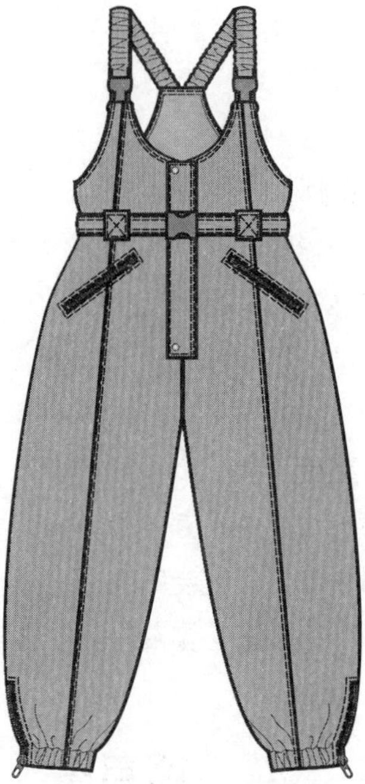

正视图

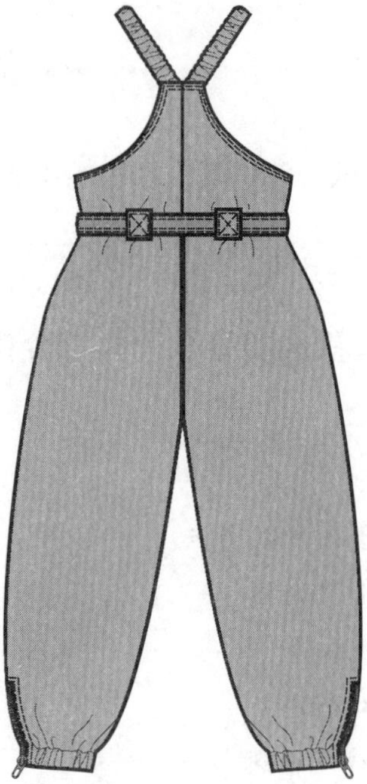

背视图

面料

里料

表5-2 男中童松紧裤口背带裤产品设计订单（二）

编号	TZ-501	品名	男中童松紧裤口背带裤		季节	秋冬季

尺寸规格表（单位：cm）

部位＼号型	128	134	140	146	152
裤长	80	84	88	92	96
腰围	65	66	67	68	69
臀围	88	90	92	94	96
中腰	10	10	12	12	14
裤裆	21	21.5	22	22.5	23
大腿围	56.1	57.5	58.9	60.3	61.7
裤口束紧度	22	23	24	25	26
裤口拉直度	42	43	44	45	46
上节长	32	34	35	37	38
裤口拉链长、袋链长	14	14	14	14	14
前襟拉链长	26	26	28	28	30
裤口松紧带高	3	3	3	3	3
腰带宽	3.5	3.5	3.5	3.5	3.5

款式说明

1. 整体款式特点：为背带裤，裤型呈灯笼型，前裤片从背带处纵向分割至裤口，开口装拉链，外贴门襟装2粒按扣
2. 背带特点：松紧背带装塑料皮带扣
3. 腰头特点：连腰头，前后各装两个串带，外装饰塑料皮带扣腰带
4. 口袋特点：前裤片两个装饰拉链斜口袋
5. 裤口特点：裤口装松紧带，侧边开口装拉链

材料说明

1. 面料说明：裤身主要采用尼龙绉纹机织布
2. 辅料说明：里料采用尼龙塔夫绸，夹薄棉，背带装1.5英寸宽松紧带，裤口装1英寸宽松紧带和5号树脂拉链，前襟装3号尼龙拉链

工艺说明

1. 做全里，裤口装松紧带绲压单明线
2. 口袋采用挖袋绲压拉链，裤口侧边开口绲压拉链
3. 分割线、前后领口、袖窿绲压双明线

（二）材料分析

1. 面料分析

2. 辅料分析

拓展知识：尼龙绉纹布是一种表面具有光泽和轻微起皱效果的尼龙面料，这种面料轻薄、透气透湿，耐洗，不易褶皱，常用于羽绒服、运动休闲装等。

（三）工艺分析

1. 整体工艺处理方式

2. 口袋工艺处理方式

3. 分割线、前后领口、袖窿工艺处理方式

想一想：口袋采用挖袋缉压拉链需要哪些部件？

该款式为装饰挖袋，需要袋嵌和袋垫布。

二、尺寸规格设计

试一试：请自己先对该款式设计尺寸规格表，然后对照表5-2的尺寸规格表，分析主要部位尺寸设置的特点。

本款式为来样加工生产，尺码为客户提供，因身高档差只有6cm，围度档差相应较小。中间板采用身高为140cm的尺寸规格。

重点提示：因为夹棉，尺寸按正常尺寸再加放夹棉厚度量，所以长度和围度加放量要比普通不夹棉的裤子大。

想一想：该款式的背带宽要多少，裤口贴边宽要多少？

背带宽 $=1.5 \times 2.54+2 \times$ 松紧带厚度 $\approx 4cm$，裤口贴边宽 $=1 \times 2.54+2 \times$ 松紧带厚度 $\approx 3cm$。

━━━ **流程二　服装制板** ━━━

一、结构制图

试一试：请根据样衣和订单尺寸进行结构制图，中间板制作采用身高140cm的尺寸规格。

注意先画前片，后片再在前片的基础上绘制（灰色部分为前片）。

前后片结构制图（图5-1）

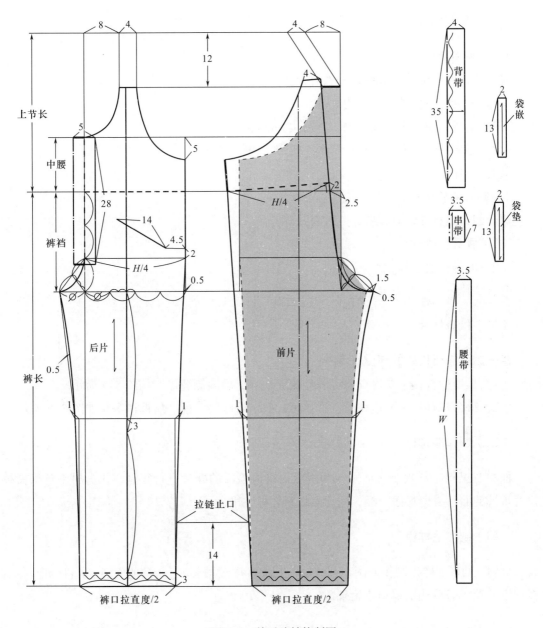

图5-1 前后片结构制图

制图关键：

（1）前后裤片裤口直角化处理。

（2）前后裆处理：前后裆画完以后，要测量前横裆加后横裆是否等于大腿围，如果不等长，要适当调整前后横裆宽，因裤子较宽松，后裤片的后起翘和后裆倾斜度较小。

二、样板制作

（一）复制样片

1. **复制面料样片**

想一想：面料样片有哪些，一共有几片？

（1）后身：后裤片、后贴边。

（2）前身：前裤中、前裤侧、前贴边、前襟。

（3）零部件：袋嵌、袋垫、背带、腰带、串带。

共有 11 片。

2. **复制里料样片**

想一想：里料样片有哪些，一共有几片？

（1）后身：后裤片。

（2）前身：前裤片。

共有 2 片。

（二）检查样片

想一想：需要检查的部位有哪些？

（1）长度检查：主要检查前、后外侧缝；前、后内侧缝等，如图 5-2 所示。

（2）拼合检查：主要检查前、后袖窿；前、后窿门；前、后裤口等，如图 5-2 所示。

（三）制作净样板

面料、里料净样板制作如图 5-3 所示，将检验后的样片进行复制，作为男中童松紧裤口背带裤的面料、里料净样板，注意面里料要标注准确。

（四）制作毛样板

面料、里料毛样板制作如图 5-4 所示，在男中童松紧裤口背带裤的面料、里料净样板上，按图 5-4 所示各缝边的缝份进行加放。

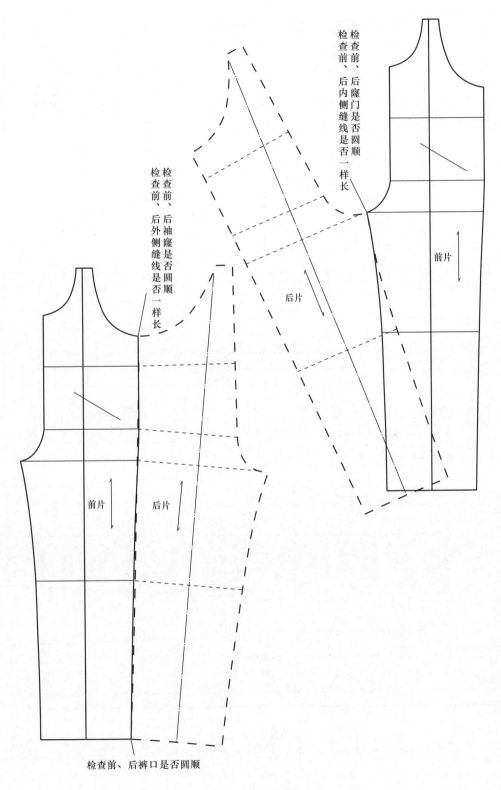

检查前、后裤口是否圆顺

图 5-2　样片检查

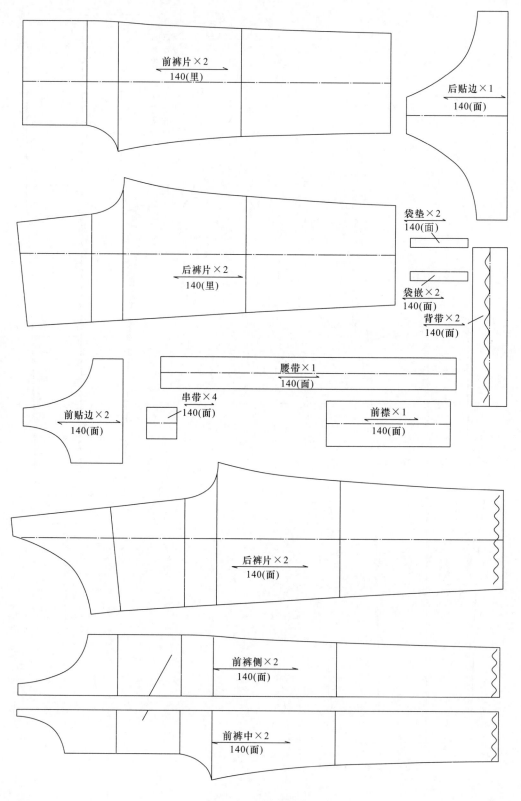

图 5-3　净样板制作

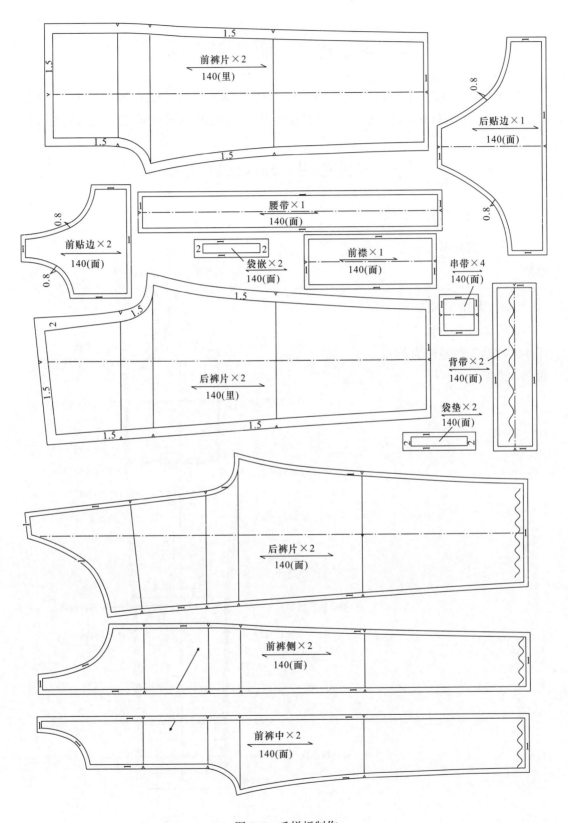

图5-4　毛样板制作

流程三　样板检验

男中童松紧裤口背带裤款式样衣主要检查各主要部位尺寸是否符合客户订单尺寸要求。样板修正以后要对样板再进行复核，包括长度检查、拼合检查，加放即将投产原材料的回缩量。

流程四　样板缩放

一、基础样板的缩放

（一）前片基础样板缩放

前片基础样板各放码点计算公式和数值，如图5-5所示（括号内为放码点数值）。

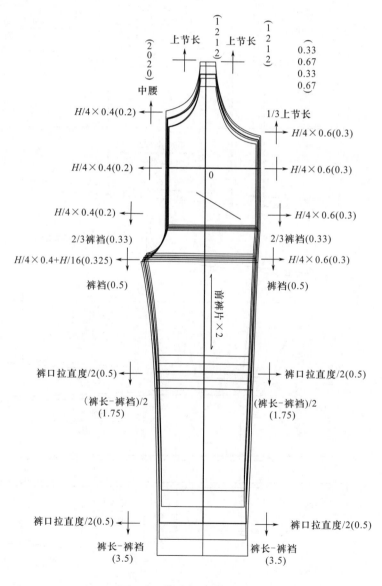

图5-5　前片基础样板缩放

（二）后片及零部件基础样板缩放

后片及零部件基础样板各放码点计算公式和数值，如图5-6所示（括号内为放码点数值）。

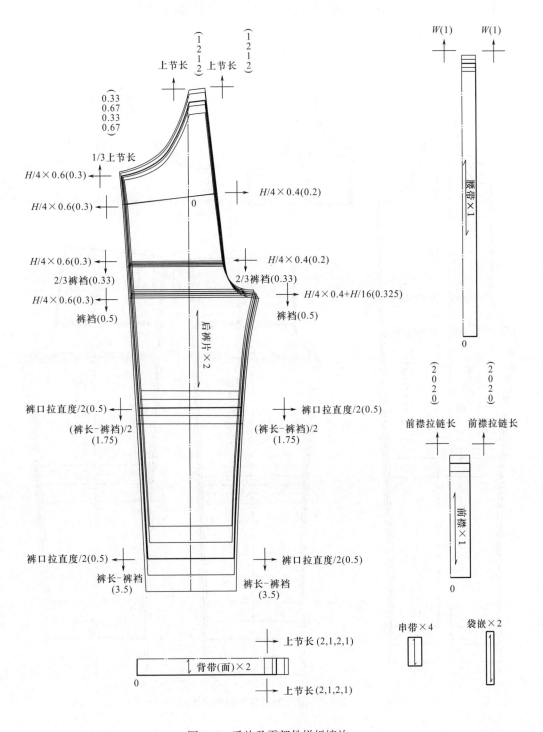

图5-6 后片及零部件样板缩放

二、前片面料系列样板和里料系列样板

各分割片取出后，前片面料系列样板和里料系列样板如图 5-7 所示。

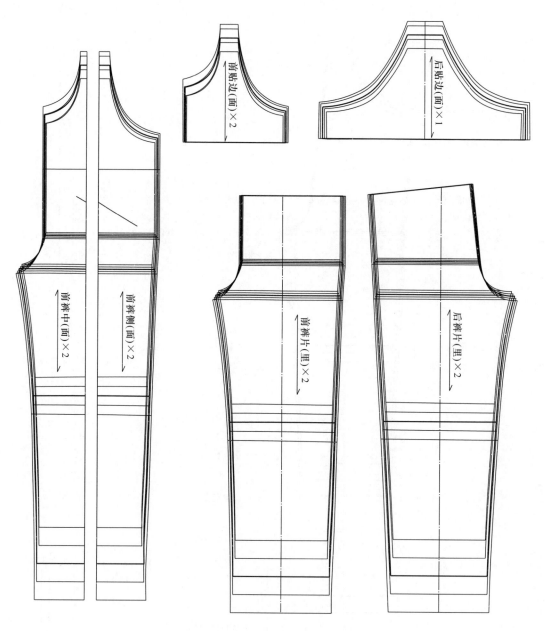

图 5-7　前片面料和里料系列样板

项目二　中童立领拼色风衣

━━ 流程一　服装分析 ━━

试一试：请认真观察表 5-3 所示的效果图，从以下几个方面对中童立领拼色风衣进行分析。

一、款式图分析（样衣分析）

（一）款式分析

1. 整体款式特点
2. 领子特点
3. 袖子特点
4. 开口特点
5. 底边特点
6. 口袋特点

想一想：挡风筒有什么作用？

秋冬季拉链开口的外套虽然穿脱方便，但容易漏风，拉链外面加挡风筒可挡风保暖。

拓展知识：防风保暖是秋冬外套重要的功能，填充保暖材料、立领、缩紧袖口底边、口袋、帽子都是秋冬外套常见的款式结构。

（二）材料分析

1. 面料分析
2. 辅料分析

拓展知识：尼丝纺又称尼龙纺，为锦纶长丝织制的纺类丝织物，尼丝纺经过消光处理后，具有轻薄细密，色泽自然，坚牢耐磨，易洗快干等特性，常用于羽绒服、滑雪衫等。

（三）工艺分析

1. 整体工艺处理方式
2. 口袋工艺处理方式

拓展知识：棉服、羽绒服等内里填充合成棉或鸭绒等，一般采用绗缝或压缉分割线将内里填充物固定。

表5-3　中童立领拼色风衣产品设计订单（一）

编号	TZ-502	品名	中童立领拼色风衣	季节	秋冬季

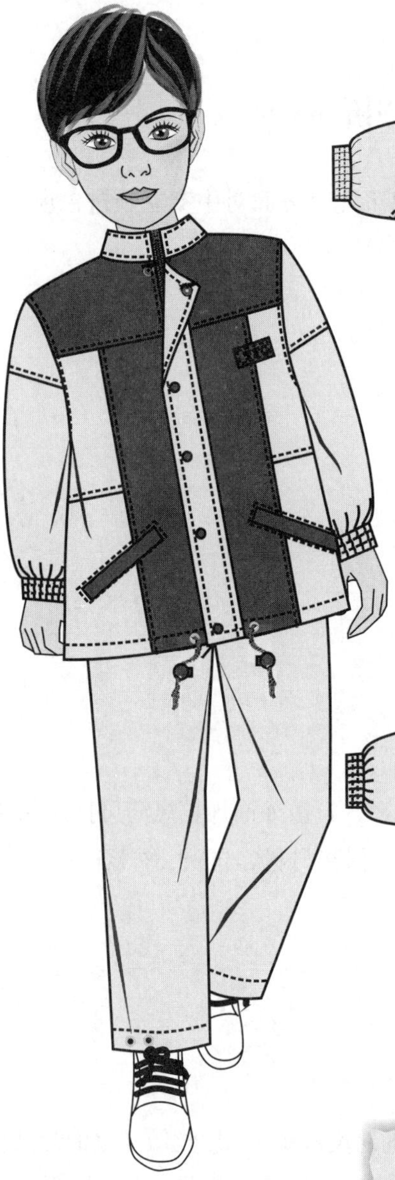

效果图

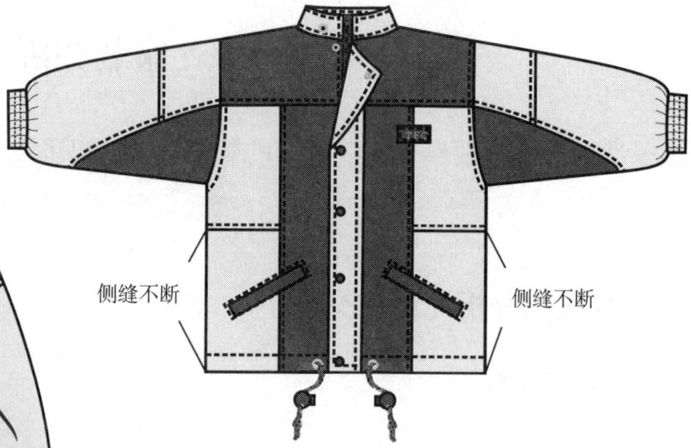

正视图

侧缝不断　　　　　　　　侧缝不断

背视图

面料A　　　　　面料B　　　　　里料

二、尺寸规格设计

试一试： 请自己先对该款式设计尺寸规格表，然后对照表5-4的尺寸规格表，分析主要部位尺寸设置的特点。

表5-4　中童立领拼色风衣产品设计订单（二）

编号	TZ-502	品名	中童立领拼色风衣			季节	秋冬季
尺寸规格表（单位：cm）							
部位 ＼ 号型	120	130	140	150	160	170	
后中长	56	60	64	68	72	76	
胸围	98	104	110	116	122	128	
摆围	98	104	110	116	122	128	
肩宽	36	38	40	42	44	46	
袖长（从肩颈点量）	57	62	67	72	77	81	
袖肥	48	50	52	54	56	58	
袖口	27	28	29	30	31	32	
领围	40	42	44	46	48	50	
后领高	4	4	4	4	4	4	
袋长	15	15	16	16	17	17	
袋宽	2.5	2.5	2.5	2.5	3	3	

款式说明

1. 整体款式特点：为直身型，前后身拼色分割
2. 领子特点：普通立领
3. 袖子特点：普通一片袖，装松紧袖头，袖下为拼色分割
4. 开口特点：前门襟对襟拉链开口，装防风筒，钉5粒四合扣
5. 底边特点：底边装抽绳和伸缩筒
6. 口袋特点：前身两个单嵌线口袋

材料说明

1. 面料说明：采用米色和橙色两种颜色消光尼丝纺
2. 辅料说明：涤纶里料，内填鸭绒，袋布用里料，一条5号树脂长拉链，5个配色四合扣，袖头装3.5cm宽松紧带，底边装抽绳和伸缩筒

工艺说明

1. 做全里，内填鸭绒，底边缉压单明线
2. 单嵌线挖口袋，袋口四周缉压单明线，分割线均压单明线

袖长从肩颈点量，包含小肩长，档差设置时要将小肩长的档差计算在内。

本款式为来样加工生产，尺码为客户提供，中间板采用身高为140cm的尺寸规格。

重点提示： 有内填物的衣服尺寸在正常加放松量以后，要再加放填充物的厚度尺寸，

填充物越厚越多，加放的尺寸就越大。

━━ 流程二　服装制板 ━━

一、结构制图

（一）前后片结构制图（图5-8）

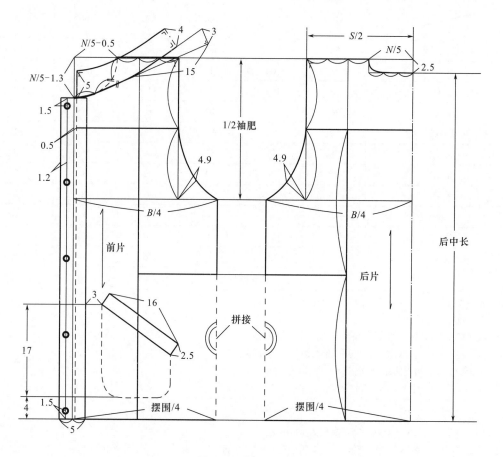

图5-8　前后片制图

试一试：请根据样衣和订单尺寸进行结构制图，中间板制作采用身高140cm的尺寸规格。

注意先画后片，再在后片基础上画前片，前片除前领深较低以外，其他外轮廓线与后片一样，前中收进0.5cm为装拉链的位置。

想一想：一般立领的前领要比后领低一点，而该款式的前领为什么比后领高？

一般立领比较贴脖子，前领比后领低一点，可使脖子前面的咽喉活动时不会感到不适，而该款式立领比较宽松，为更好地挡风保暖，前领要比后领高。

（二）袖片结构制图（图5-9）

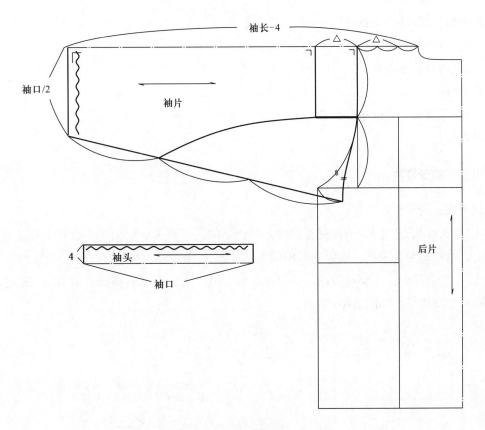

图5-9　袖片结构制图

拓展知识： 一般休闲类的一片式袖子采用在衣身上制图的方法，即袖中线从肩线直接取，袖山底线由衣身袖窿底线对称截取，方便直观。

二、样板制作

（一）复制样片

1. 复制面料样片

想一想： 面料样片有哪些，一共有几片？

（1）后身：后上片、后侧片、后中片。

（2）前身：前上片、前中片、前侧片、侧片、挡风筒。

（3）袖子：袖片、袖上片、袖下片、袖头。

（4）领子：领片。

（5）零部件：袋嵌。

共有 14 片。

2. 复制里料样片

想一想： 里料样片有哪些，一共有几片？

（1）后身：后衣片。

（2）前身：前衣片。

（3）袖子：袖片。

（4）零部件：袋前布、袋后布。

共有 5 片。

（二）检查样片

想一想： 需要检查的部位有哪些？

（1）长度检查：因为前片是在后片基础上画的，可省去前后侧缝、前后小肩检查，只检查前、后领圈与装领线；袖窿与袖山弧线，如图 5-10 所示。

（2）拼合检查：主要检查前、后领圈；前、后底边；前、后袖窿；袖山底与袖窿底；前领圈与装领线等，如图 5-10 所示。

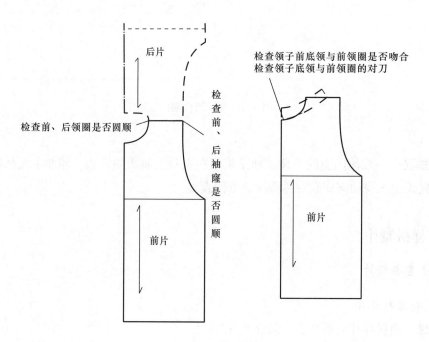

图 5-10　样片检查

（三）制作净样板

1. 制作面料净样板

面料净样板制作，如图5-11所示，将检验后的样片进行复制，作为中童立领拼色风衣的面料净样板，注意每个样板采用的面料类型要标注准确。

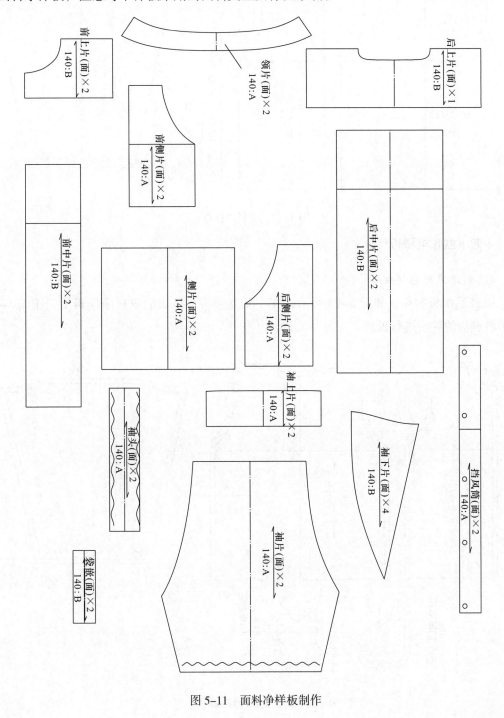

图5-11　面料净样板制作

2. 制作里料净样板

里料净样板制作，如图 5-12 所示，将检验后的样片进行复制，作为中童立领拼色风衣的里料净样板。

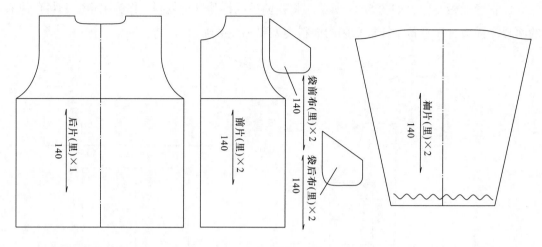

图 5-12 里料净样板

（四）制作毛样板

1. 制作里料毛样板

里料毛样板制作，如图 5-13 所示，在中童立领拼色风衣的里料净样板上，按图 5-13 所示各缝边的缝份进行加放。

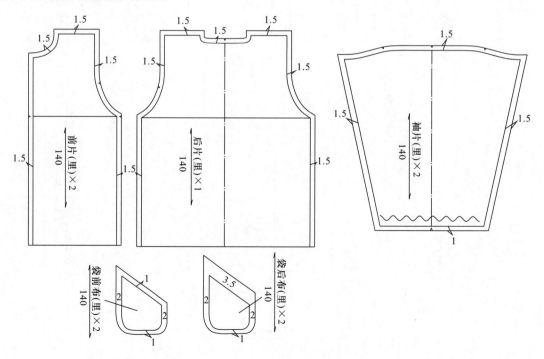

图 5-13 里料净样板制作

2．制作面料毛样板

面料毛样板制作，如图5-14所示，在中童立领拼色风衣的面料净样板上，按图5-14

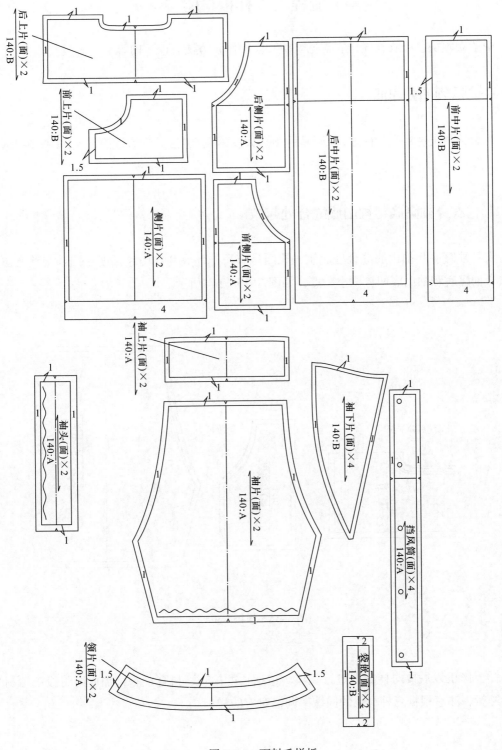

图5-14　面料毛样板

所示各缝边的缝份进行加放，底边折边内装抽绳，缝份要大一点。

━━━ 流程三　样板检验 ━━━

中童立领拼色风衣款式样衣常见弊病和样板修正方法有以下内容。

一、后领圈处起涌

在后领圈出现横兜状褶皱，原因是后领深太浅，调整方法是将后领深加大，如图5–15（a）所示。

二、衣身袖窿底与袖山底缝合处起皱

衣身袖窿底与袖山底缝合处起皱，原因是衣身袖窿底和袖山底弧度太凹，调整方法是将衣身袖窿底和袖山底凹势调小一点，如图5–15（b）所示。

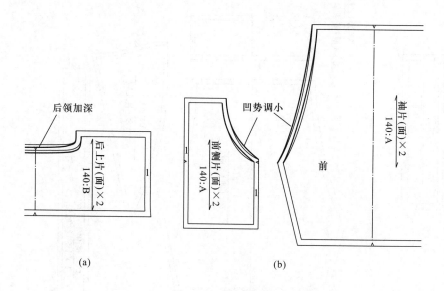

(a)　　　　　　　　　(b)

图5–15　样板修正

样板修正以后要对样板再进行复核，包括长度检查、拼合检查，加放即将投产原材料的回缩量，注意根据三种材料的回缩率调整对应的样板。

流程四　样板缩放

一、基础样板的缩放

（一）前片基础样板缩放

前片基础样板各放码点计算公式和数值，如图 5-16 所示（括号内为放码点数值）。

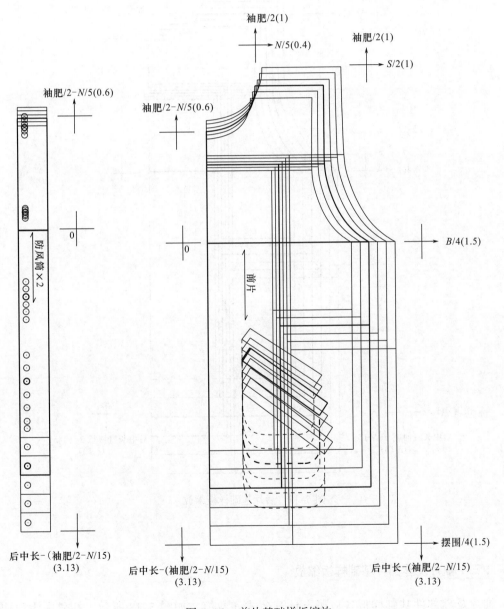

图 5-16　前片基础样板缩放

（二）后片基础样板缩放

后片基础样板各放码点计算公式和数值，如图 5-17 所示（括号内为放码点数值）。

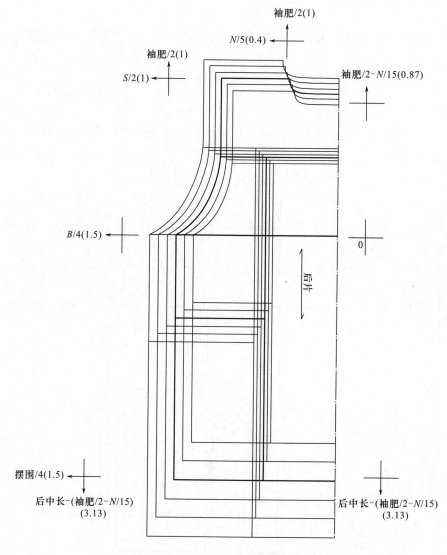

图 5-17 后片基础样板缩放

（三）袖片及零部件基础样板缩放

袖片及零部件基础样板各放码点计算公式和数值，如图 5-18 所示（括号内为放码点数值）。

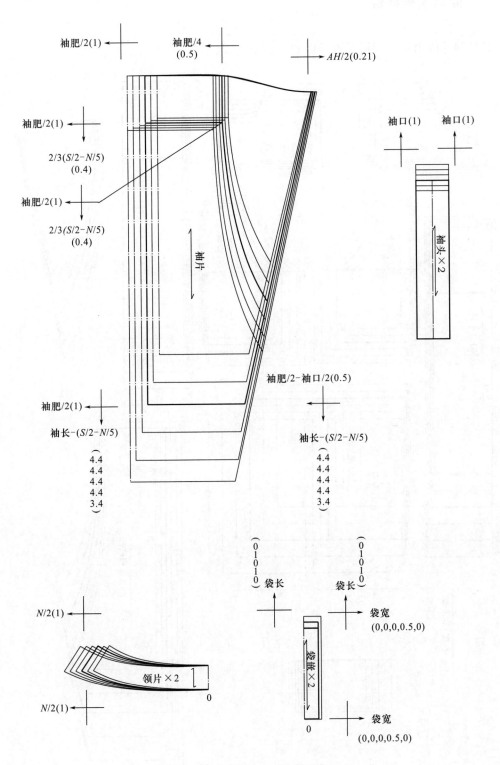

图5-18　袖片及零部件基础样板缩放

二、面料系列样板

各分割片取出后，面料系列样板如图 5-19 所示。

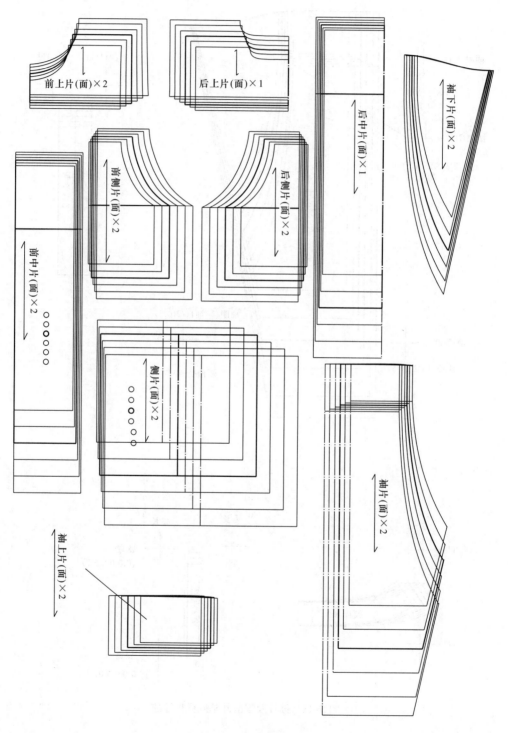

图 5-19　面料系列样板

三、前后片里料系列样板（图5-20）

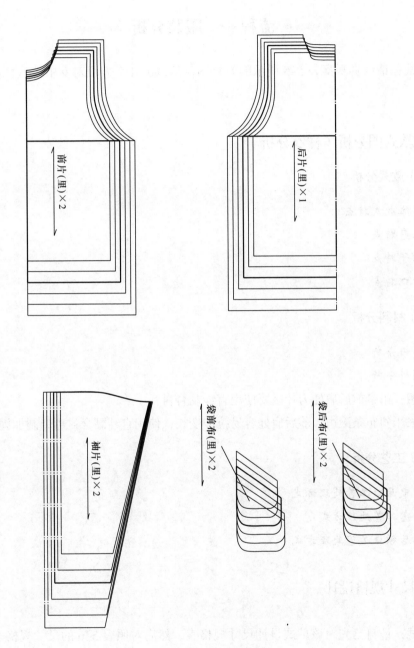

前片（里）×2

后片（里）×1

袖片（里）×2

袋前布（里）×2

袋后布（里）×2

图5-20　面料系列样板

项目三　女中童蓝色花吊带裙

━━━ 流程一　服装分析 ━━━

试一试：请认真观察表 5-5 所示的效果图，从以下几个方面对女中童蓝色花吊带裙进行分析。

一、款式图分析（样衣分析）

（一）款式分析

1. 整体款式特点
2. 衣身特点
3. 裙子特点
4. 开口特点

（二）材料分析

1. 面料分析
2. 辅料分析

想一想：吊带前后肩处为什么要使用直纱黏合衬？

吊带采用斜布条滚边，前后肩处容易拉伸变长，使用直纱黏合衬可牵制加固。

（三）工艺分析

1. 后中开口工艺处理方式
2. 袖窿工艺处理方式
3. 前后领口工艺处理方式

二、尺寸规格设计

试一试：请自己先对该款式设计尺寸规格表，然后对照表 5-6 的尺寸规格表，分析主要部位尺寸设置的特点。

本款式为来样加工生产，尺码为客户提供，中间板采用身高为 130cm 的尺寸规格。

表5-5　女中童蓝色花吊带裙产品设计订单（一）

编号	TZ-503	品名	女中童蓝色花吊带裙	季节	夏季

正视图

背视图

效果图

面料A　　面料B　　面料C

表5-6　女中童蓝色花吊带裙产品设计订单（二）

编号	TZ-502	品名	女中童蓝色花吊带裙				季节	夏季
尺寸规格表（单位：cm）								

部位 ＼ 号型	100	110	120	130	140	150	160
裙总长	57	62	67	72	77	82	87
上衣长	22	24	26	28	30	32	34
胸围/2	28.5	30.5	32.5	34.5	36.5	38.5	40.5
腰围/2	27	29	31	33	35	37	39
夹肥	14	14.5	15	15.5	16	16.5	17
肩带长/2	3.9	4.2	4.5	4.8	5.1	5.4	5.7
裙摆/2	62	64	66	68	70	72	74
腰带长	44	46	48	50	52	54	56
拉链开口长	21	23	25	27	29	31	33

款式说明

1. 整体款式特点：为A型，上身较合体，腰节断开，下裙为宽松直筒形
2. 衣身特点：前衣身V形领口装饰花边，左胸绣花，后衣身一字形领口，前后袖窿滚拼色吊带，后腰系腰带
3. 裙子特点：普通一片裙，腰部抽细褶
4. 开口特点：后中开口装隐形拉链

材料说明

1. 面料说明：上衣、前后领口贴边采用白色面料，下裙和腰带采用花色面料，吊带采用绿色面料，三种面料均为纯棉机织布
2. 辅料说明：后中开口装隐形拉链，吊带前后肩处、隐形拉链处使用直纱黏合衬，前后领贴边使用黏合衬

工艺说明

1. 后中开口装隐形拉链，底边缉压单明线
2. 袖窿滚边处理成吊带式
3. 前后领口做贴边处理，花边夹缉在前领口内

流程二　服装制板

一、结构制图

试一试：请根据样衣和订单尺寸进行结构制图，中间板制作采用身高130cm的尺寸规格。

注意先绘制后衣片，再绘制前衣片。

（一）前后衣片结构制图（图5-21）

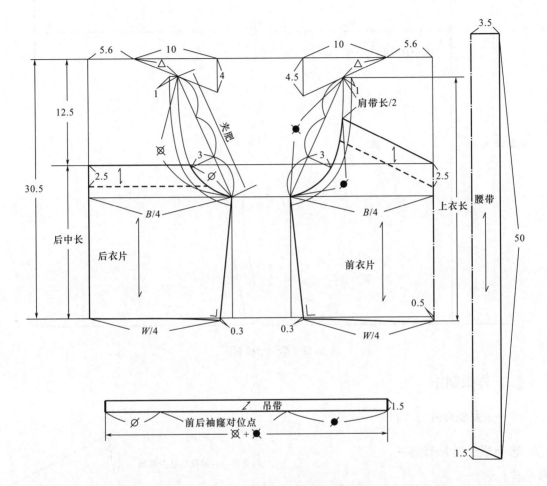

图5-21　女中童吊带裙结构制图

想一想： 为什么肩带滚条取的是袖窿外圈长而不是内圈长？

袖窿内圈比外圈要长，滚条为斜料，取袖窿外圈长，熨烫定型后的一边会拉长适合袖窿内圈长。

拓展知识： 滚条取短的一边长度，同样适合领圈、袖口等弧形的地方。

（二）裙子结构制图（图5-22）

重点提示： 长方形抽褶裙摆的宽度一般可根据布料幅宽取，如果布料幅宽是138cm，该款式身高140cm、150cm的裙摆宽度略大于布料幅宽，可直接按布料幅宽取，前后裙片不断开，而身高160cm的裙摆远大于布料幅宽，则裙摆要分成前后三片。

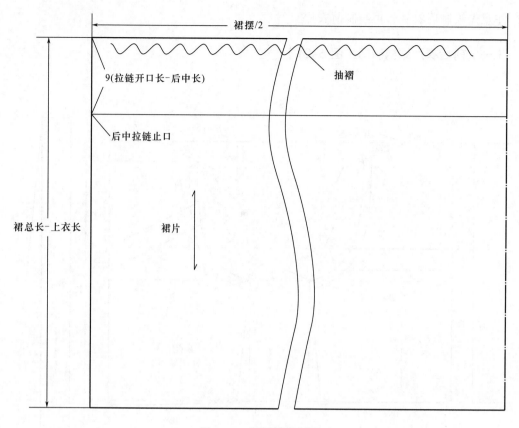

图 5-22　裙子结构制图

二、样板制作

（一）复制样片

想一想：样片有哪些，一共有几片？

（1）后身：后衣片、后领贴边。

（2）前身：前衣片、前领贴边。

（3）裙身：裙片。

（4）零部件：吊带、腰带。

共有 7 片。

（二）检查样片

想一想：需要检查的部位有哪些？

（1）长度检查：主要检查前、后侧缝长度等，如图 5-23 所示。

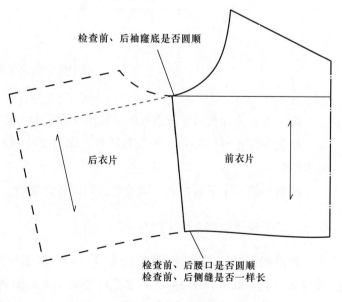

图 5-23　样片检查

（2）拼合检查：主要检查前、后侧缝腰口；前、后袖窿底等，如图5-23所示。

（三）制作净样板

面料净样板制作，如图5-24所示，将检验后的样片进行复制，作为女中童蓝色花吊带裙的面料净样板，注意各样板采用的面料类型要标注准确。

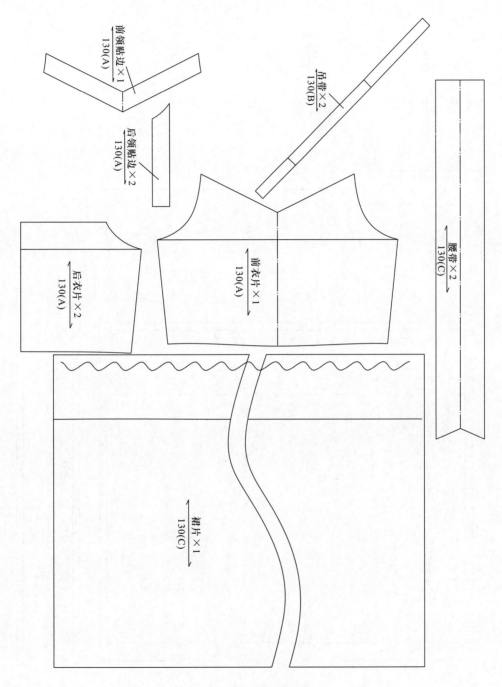

图5-24　净样板制作

（四）制作毛样板

面料毛样板制作，如图 5-25 所示，在女中童蓝色花吊带裙的面料净样板上，按 5-25 所示各缝边的缝份进行加放。

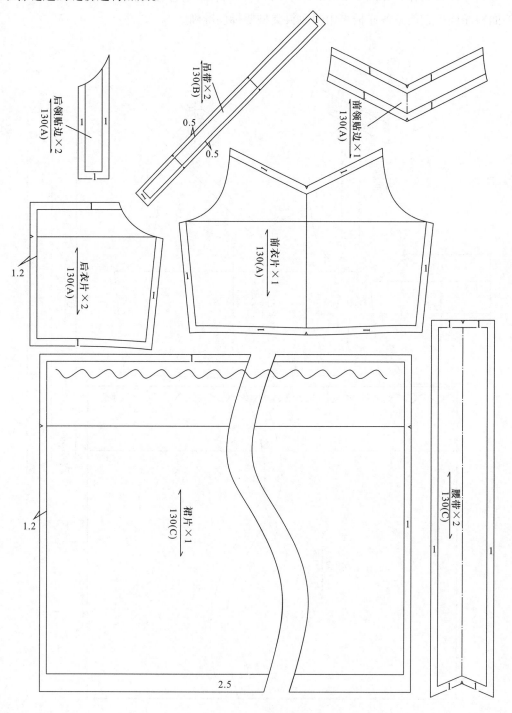

图 5-25　毛样板制作

流程三　样板检验

女中童蓝色花吊带裙款式样衣常见弊病和样板修正方法有以下内容。

一、前腰节线起吊

前腰节下落量不足于满足腹凸量，调整方法是增加前衣片腰节前中下落量。

二、前领口不贴体，容易豁开

前领口不贴体，容易豁开，原因是前领口领宽太大，调整方法是将前衣片横开领往内收 1～2cm。

样板修正以后要对样板再进行复核，包括长度检查、拼合检查，加放即将投产原材料的回缩量，注意根据三种面料的回缩率调整对应的样板。

流程四　样板缩放

一、后衣片、腰带及后领贴边基础样板缩放

后衣片、腰带及后领贴边基础样板各放码点计算公式和数值，如图 5-26 所示（括号内为放码点数值）。

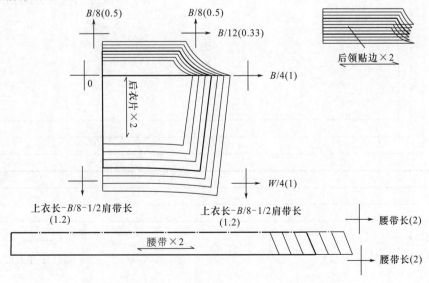

图 5-26　后衣片、腰带及后领贴边基础样板缩放

二、前衣片、裙片及零部件基础样板缩放

前衣片、裙片及零部件基础样板各放码点计算公式和数值，如图 5-27 所示（括号内为放码点数值）。

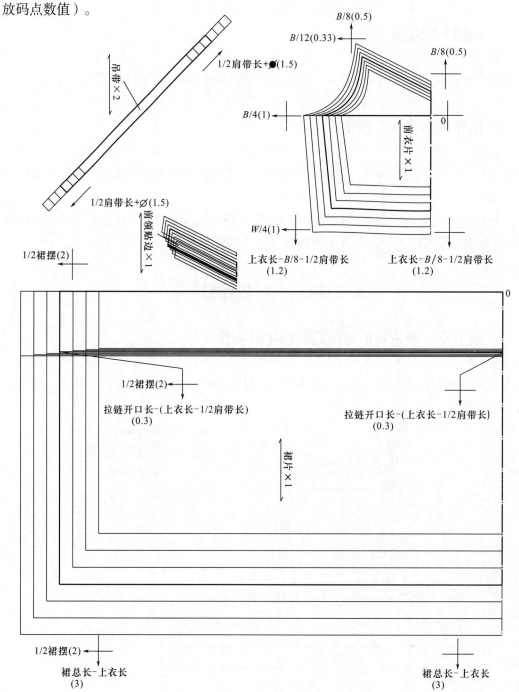

图 5-27　前衣片、裙片及零部件基础样板缩放

项目四　女中童毛呢带帽大衣

━━ 流程一　服装分析 ━━

试一试：请认真观察表5-7所示的效果图，从以下几个方面对女中童毛呢带帽大衣进行分析。

一、款式图分析（样衣分析）

（一）款式分析

1. 整体款式特点
2. 领子特点
3. 袖子特点
4. 开口特点
5. 帽子特点
6. 口袋特点

（二）材料分析

1. 面料分析
2. 辅料分析

（三）工艺分析

1. 整体工艺处理方式
2. 领、前搭肩片、帽子、门襟、腰带工艺处理方式

二、尺寸规格设计

试一试：请自己先对该款式设计尺寸规格表，然后对照表5-8的尺寸规格表，分析主要部位尺寸设置的特点。

这个时期儿童身高和四肢成长显著，身高跨度大，衣长和袖长的档差设置较大，有的可达到4cm。

本款式为来样加工生产，尺码为客户提供，中间板采用身高为130cm的尺寸规格。

表5-7 女中童毛呢带帽大衣产品设计订单（一）

编号	TZ-504	品名	女中童毛呢带帽大衣	季节	秋冬季

效果图

正视图

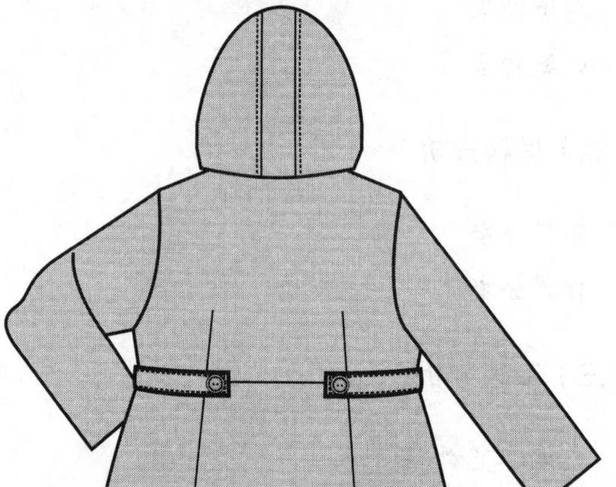

背视图

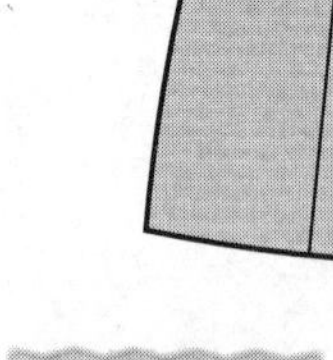

面料

里料

表5-8 女中童毛呢带帽大衣产品设计订单（二）

编号	TZ-504	品名	女中童毛呢带帽大衣			季节	秋冬季
尺寸规格表（单位：cm）							
部位 ＼ 号型	100	110	120	130	140	150	160
衣长	55	59	63	67	71	75	79
肩宽	29	30.5	32	33.5	35	37	39
胸围/2	34	36	38	40	42	44	46
腰围/2	32	34	36	38	40	42	44
摆围/2	48	50	52	54	56	58	60
夹肥	16	17	18	19	20	21	22
袖长	36	37.5	41	44.5	48	52	56
袖口/2	11	11.5	12	12.5	13	13.5	14
横领宽	14.5	15	15.5	16	16.5	17	17.5
直领深	7	7	7.5	7.5	8	8	8.5
后翻领宽（b）	7.5	7.5	8	8	8.5	8.5	9
后领座高（a）	2	2	2.5	2.5	2.5	2.5	3
腰带长	25	25.5	26	26.5	27	27.5	28
腰带宽	3	3	3	3.5	3.5	3.5	3.5
帽宽	22	22.5	23	23.5	24	24.5	25
帽高	29.5	30	30.5	31	31.5	32	32.5
插袋开口大	10.5	10.5	11	11	11.5	11.5	12
前搭肩片长	14	14.5	15	15.5	16	16.5	17
前搭肩片宽	10	10.5	11	11.5	12	12.5	13

款式说明

1. 整体款式特点：呈A型，前后身收腰省至底边，腰节断开，装饰可脱卸腰带，左前肩处搭一装饰片
2. 领子特点：普通一片式翻领
3. 袖子特点：普通一片袖
4. 开口特点：前门襟搭门开口，钉5粒扣
5. 帽子特点：带毛饰三片式帽子，可脱卸
6. 口袋特点：插袋位于侧缝处

材料说明

1. 面料说明：主要采用羊毛混纺面料
2. 辅料说明：涤纶里料，袋布用里料，里襟钉5粒纽扣、前搭肩片1粒纽扣，腰带前后4粒纽扣，大小为直径2cm，翻领下7粒纽扣大小为直径0.6cm，大身、挂面、后领贴、袋口、袖口、底边、前后袖窿处使用黏合衬，帽饰为人造毛，帽子底装7根细橡筋

工艺说明

1. 衣身、袖子做全里，前搭肩片、帽子做里
2. 领、前搭肩片、帽子、门襟、腰带缉压单明线

流程二　服装制板

一、结构制图

试一试：请根据样衣和订单尺寸进行结构制图，中间板制作采用身高 130cm 的尺寸规格。

（一）前后片结构制图（图5-28）

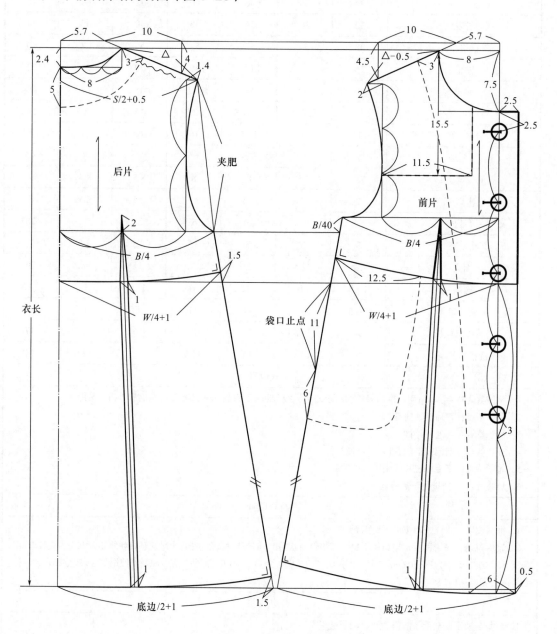

图 5-28　前后片结构制图

制图关键: 因为布料较厚,搭门量除了考虑纽扣的大小,还要另外加出布料厚度量。

(二)袖片和领片结构制图(图5-29、图5-30)

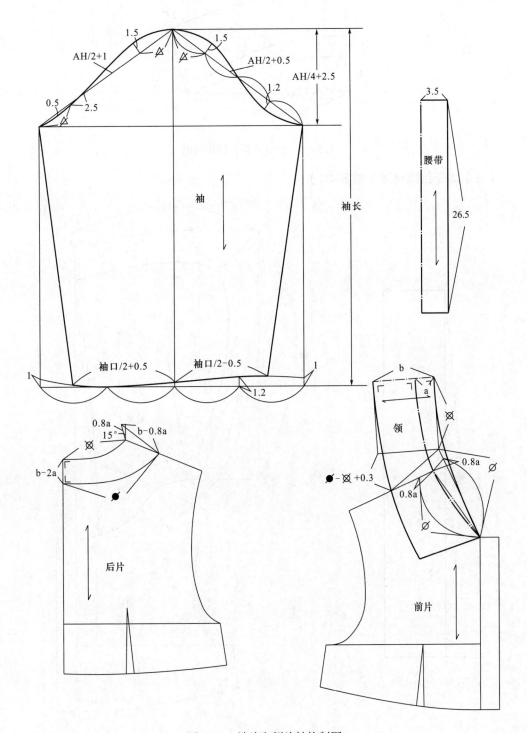

图5-29 袖片和领片结构制图

重点提示：领片采用的是依托衣身制图的方法，如果是用独立式制图方法如图 5-30 所示，画完以后要将领子放在衣身上检查配置效果，如图 5-29 所示。

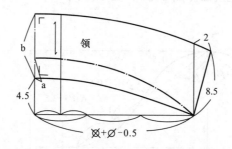

图 5-30　独立式领片结构制图

（三）帽子结构制图（图 5-31）

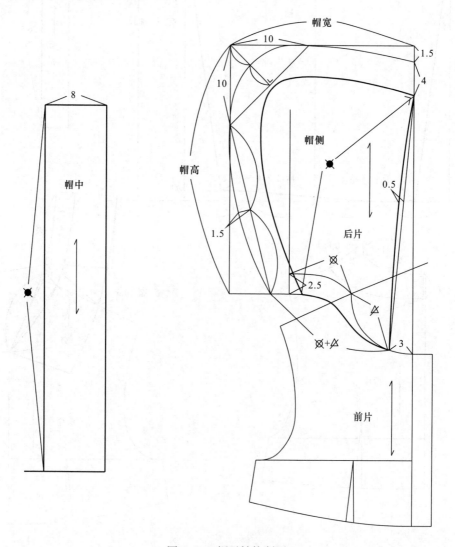

图 5-31　帽子结构制图

重点提示：帽子只装到距离前中心线 3cm 处。

二、样板制作

（一）复制样片

1. 复制面料样片

想一想：面料样片有哪些，一共有几片？

（1）后身：后衣片、后摆中、后摆侧、后领贴边。

（2）前身：前衣片、前摆中、前摆侧、前搭肩片、挂面。

（3）袖子：袖片。

（4）领子：领面。

（5）帽子：帽中、帽侧。

（6）零部件：腰带。

共有 14 片。

2. 复制里料样片

想一想：里料样片有哪些，一共有几片？

（1）后身：后衣片、后摆中、后摆侧。

（2）前身：前衣片、前搭肩片。

（3）袖子：袖片。

（4）帽子：帽中、帽侧

（5）领子：领里。

（6）零部件：袋布。

共有 10 片。

（二）检查样片

想一想：需要检查的部位有哪些？

（1）长度检查：主要检查前、后侧缝；前、后小肩；前后领圈与装领线；前、后领圈与帽领线；前、后袖窿与袖山弧线；前、后袖缝等，如图 5-32 所示。

（2）拼合检查：主要检查前、后领圈；前、后底边；前、后袖窿；前袖山底与前袖窿底；后袖山底与后袖窿底；前领圈与装领线；前领圈与帽领线等，如图 5-32 所示。

（三）制作净样板

1. 制作面料净样板

面料净样板制作，如图 5-33 所示，将检验后的样片进行复制，作为女中童毛呢带帽大衣的面料净样板。

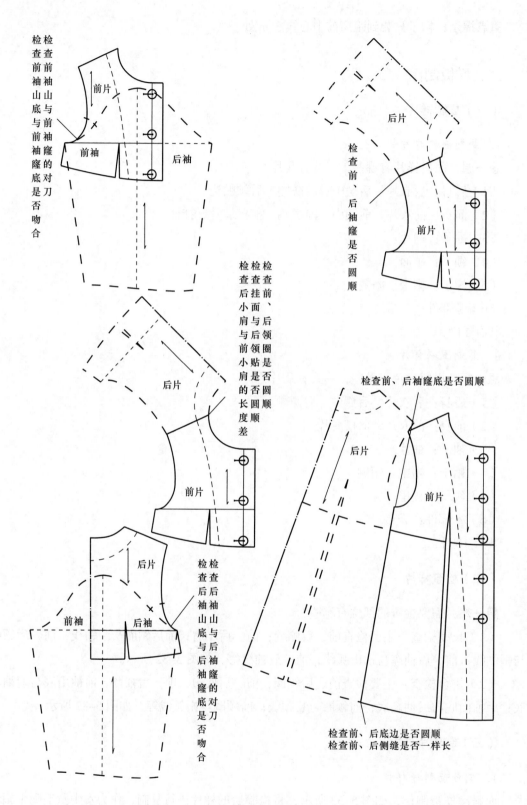

图 5-32　样片检查

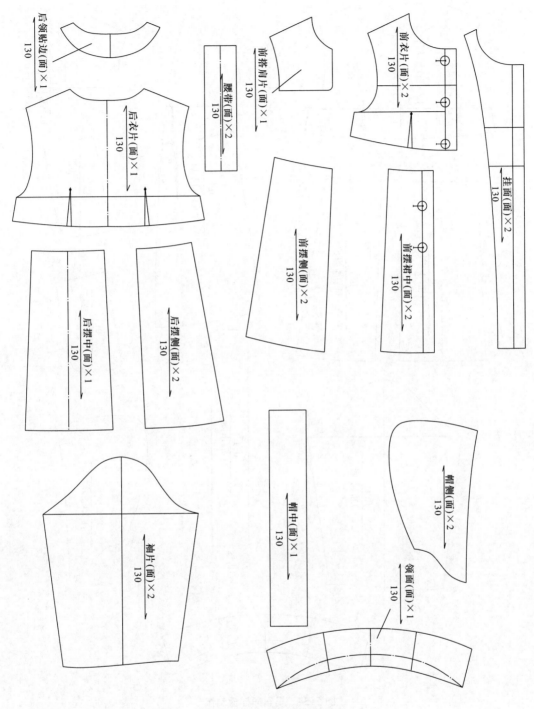

图 5-33 面料净样板制作

2. 制作里料净样板

里料净样板制作，如图 5-34 所示，将检验后的样片进行复制，作为女中童毛呢带帽大衣的里料净样板。

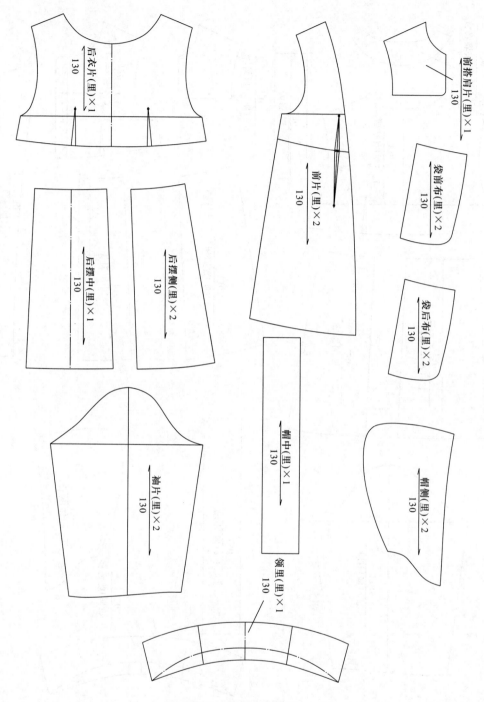

图 5-34　里料净样板制作

（四）制作毛样板

1. 制作面料毛样板

面料毛样板制作，如图 5-35 所示，在女中童毛呢带帽大衣的面料净样板上，按图 5-35 所示各缝边的缝份进行加放。

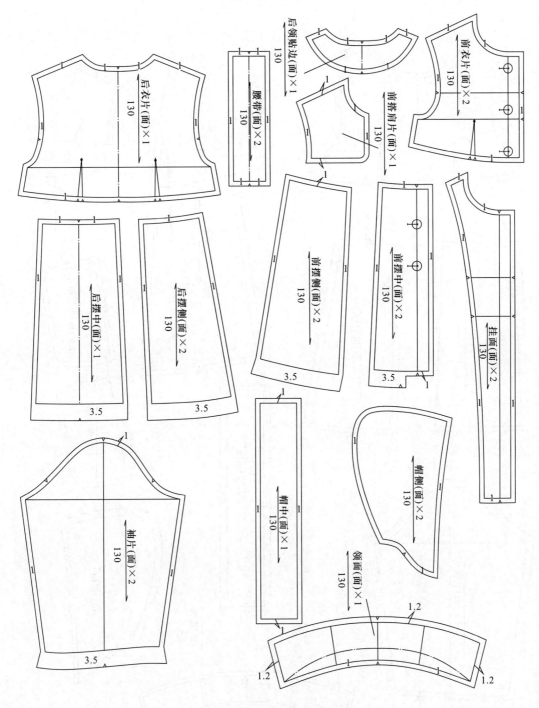

图5-35 面料毛样板制作

2．制作里料毛样板

里料毛样板制作，如图5-36所示，在女中童毛呢带帽大衣的里料净样板上，按图5-36所示各缝边的缝份进行加放。

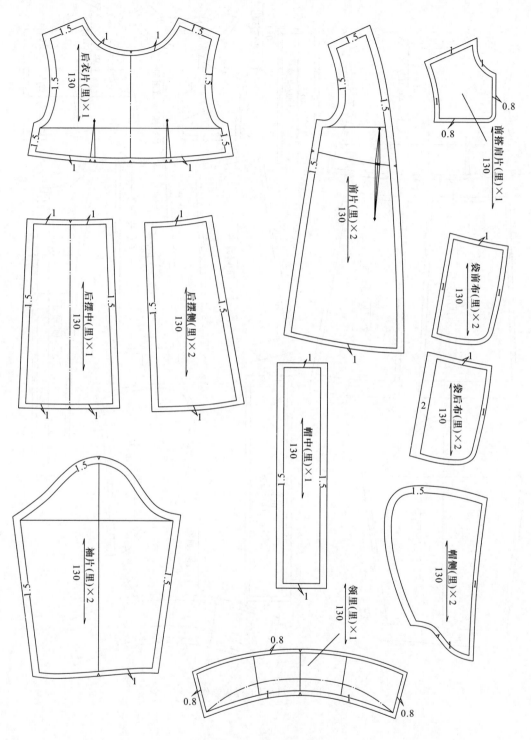

图 5-36　里料毛样板制作

流程三 样板检验

女中童毛呢带帽大衣款式样衣常见弊病和样板修正方法有：

一、前底边起吊

前底边下落量不足于满足腹凸量，调整方法是增加底边前中下落量。

二、后领圈处起涌

在后领圈出现横兜状褶皱，原因是后领深太浅，后肩斜度大，调整方法是将后领深加大，将后肩斜度改小。

样板修正以后要对样板再进行复核，包括长度检查、拼合检查，加放即将投产原材料的回缩量。

流程四 样板缩放

一、面料基础样板缩放

（一）后片及帽片基础样板缩放

后片及帽片基础样板各放码点计算公式和数值，如图5-37所示（括号内为放码点数值）。

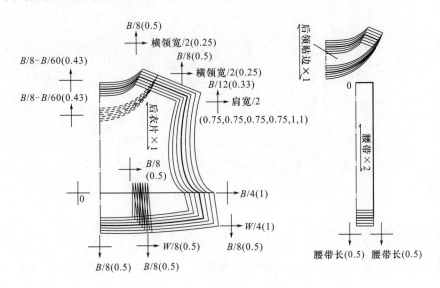

图 5-37

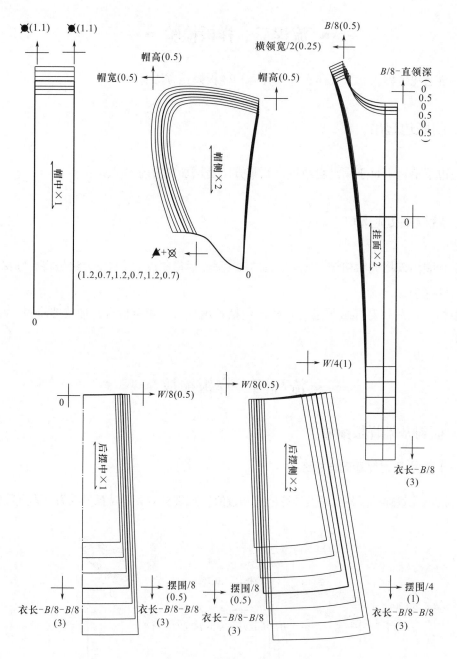

图 5-37　后片及帽片基础样板缩放

（二）前片基础样板缩放

前片基础样板各放码点计算公式和数值，如图 5-38 所示（括号内为放码点数值）。

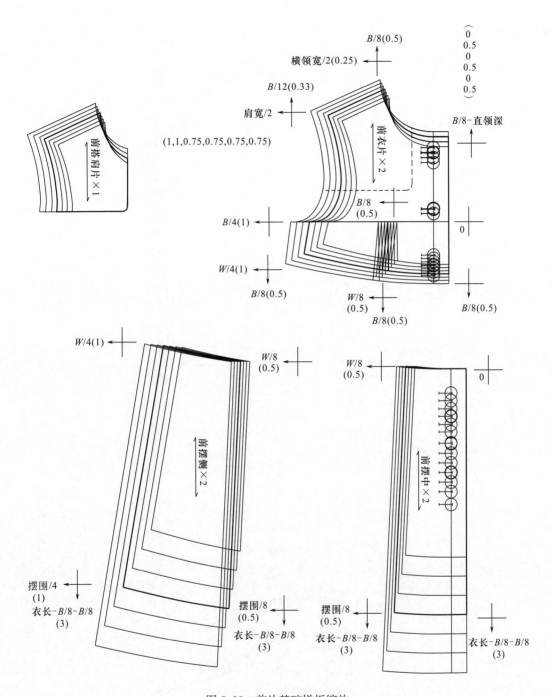

图 5-38 前片基础样板缩放

（三）袖片和领片基础样板缩放

袖片和领片基础样板各放码点计算公式和数值，如图 5-39 所示（括号内为放码点数值）。

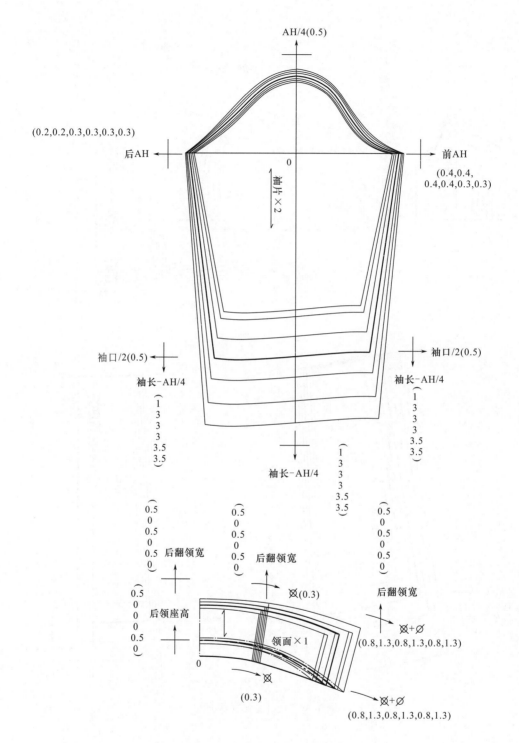

图 5-39　袖片和领片基础样板缩放

二、里料系列样板（图 5-40）

里料系列样板是在面料基础样板缩放基础上取出得到的。

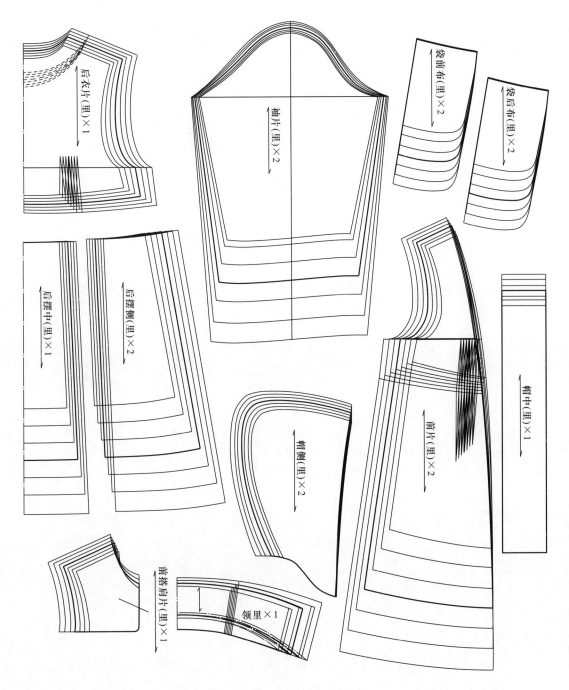

图 5-40　里料系列样板

实践模块二：
男休闲装制板

模块六　男休闲裤制板

学习目标

1. 认识男休闲裤常见品种和结构特点。
2. 掌握常规款式男休闲裤的制板方法和流程。
3. 掌握男休闲裤样板号型规格设置与放码规律。

学习重点

1. 男裤原型基础上变化各种造型裤的板样处理方法。
2. 男裤原型省道转移方法及与各种休闲裤廓型变化的关系。
3. 男休闲裤样板放码规律。

项目一　经典水洗户外牛仔裤

━━ 流程一　服装分析 ━━

试一试： 请认真观察表 6-1 所示的效果图，从以下几个方面对经典水洗户外牛仔裤进行分析。

一、款式图分析（样衣分析）

（一）款式分析

1. 整体款式特点
2. 腰头特点
3. 开口特点
4. 口袋特点

想一想： 牛仔裤为什么前后没有设置腰省，腰腹部仍能合体?

因为牛仔裤前后腰省可以分别转移到前月亮袋和后育克分割线处，使腰腹部合体。

（二）材料分析

1. 面料分析

表6-1　经典水洗户外牛仔裤产品设计订单（一）

编号	NZ-601	品名	经典水洗户外牛仔裤	季节	春秋季

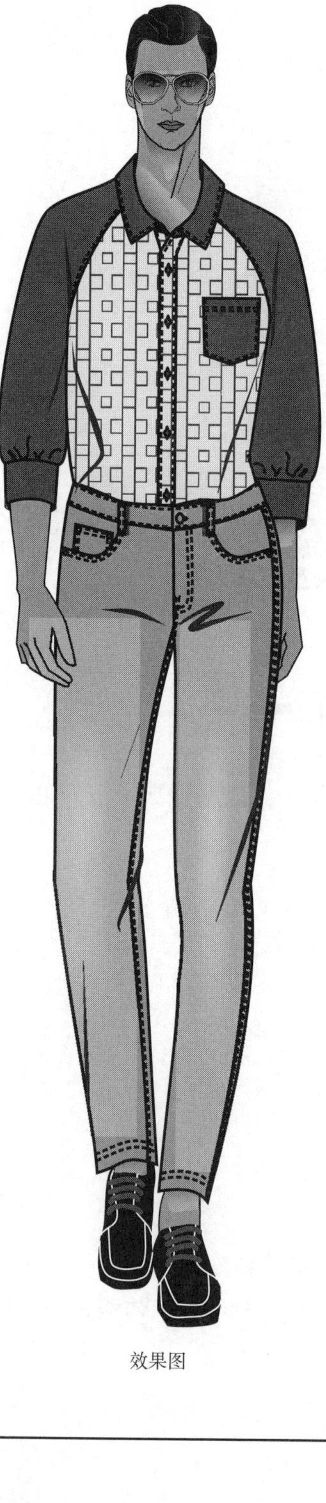

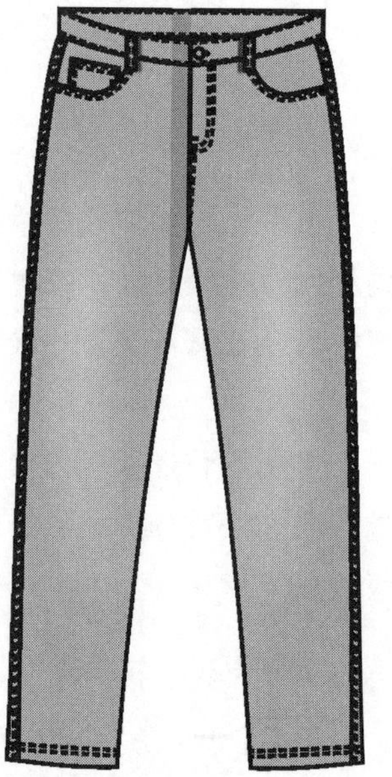

正视图

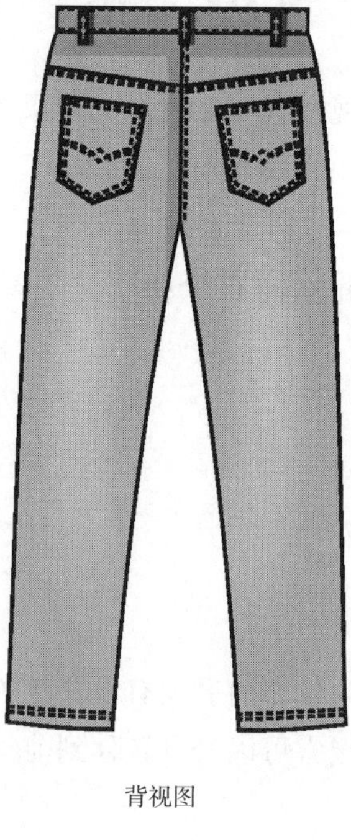

背视图

面料A

辅料B

效果图

表6-2　经典水洗户外牛仔裤产品设计订单（二）

编号	NZ-601	品名	经典水洗户外牛仔裤				季节	春秋季
尺寸规格表（单位：cm）								

部位＼号型	165/68A	165/72A	170/74A	170/76A	175/80A	175/82A	180/84A
裤长	107	107	108	108	109	109	110
腰围	74	76.5	79	81.5	84	86.5	89
臀围	95	97.5	100	102.5	105	107.5	110
膝围	41.6	42.2	42.8	43.4	44	44.6	45.2
裤口宽	18.4	18.7	19	19.3	19.6	19.9	20.2
上档（含腰头宽）	26.4	26.4	27	27	27.6	27.6	28.2

款式说明

1. 整体款式特点：整体款式呈锥型，裤长到足底，腰腹合体，裤口收小，前片腰口不收褶，侧缝月亮袋，后片腰口不收省，拼育克，育克下两个贴袋，各部位缉双明线

2. 腰头特点：略低腰，装腰头，有5个串带

3. 开口特点：前中开门里襟，钉纽扣和装拉链

4. 口袋特点：前片左右侧缝各一个月亮插袋，后片育克下左右各一个贴袋

材料说明

1. 面料说明：裤身主要采用含5%氨纶的较厚水洗斜纹粗棉布，纬向略有弹性，经向无弹性

2. 辅料说明：前片袋布用白色涤棉布，腰口、后育克分割线、袋口处分别采用直纱牵条，前中开口装普通拉链，腰口贴边、门襟、后贴袋贴边使用黏合衬

工艺说明

1. 拼缝各部位缉双明线，裤口折边压缉双明线

2. 装腰头，贴纬纱腰衬，腰口使用直纱牵条，坐缉0.15cm宽左右单明线

3. 前片侧缝装月亮插袋，袋口双明缉线，后片压贴口袋，压装饰明线

2. **辅料分析**

想一想：含5%氨纶的水洗棉布有什么特点？

含5%氨纶的水洗棉布具有棉的吸湿透气，又有弹性，能增加面料的贴身和活动性，而且棉经过水洗后，不会再缩水，制板时可不用考虑缩水率。

想一想：腰口、后育克分割线处为什么要采用直纱牵条？

因为面料有弹性，腰口、后育克分割线容易拉伸变大，所以要采用直纱牵条牵制这些部位。

（三）工艺分析

1. **整体工艺处理方式**

2. 腰头工艺处理方式

3. 口袋工艺处理方式

想一想：牛仔裤上裆较短，为低腰裤，腰头是否要像女裤一样呈弧形裁剪？

男性的腰臀差比女性小，牛仔裤虽然是低腰裤，但只要用有弹性纬纱的直腰头，在腰头上沿加直纱牵条，下沿利用面料纬向弹性少许伸长，仍可满足腰腹部合体。

二、尺寸规格设计

想一想：男牛仔裤一般主要设置哪些部位尺寸？

裤长、腰围、臀围、膝围、裤口宽、上裆等。

试一试：请自己先对该款式设计尺寸规格表，然后对照表6-2的尺寸规格表，分析主要部位尺寸设置的特点。

该款式较紧身，且面料纬向略有弹性，所以臀围、膝围和裤口宽加放量较小，略低腰，腰围在低腰位量取，成品尺寸比正常腰围大，裤长一般会加放较大的量，以方便修改长短。为了覆盖更多体型，部分号型采用相同号，所有腰围和臀围档差采用2.5cm，档差小，以满足身高相同但体型胖瘦的消费群体需求。中间板采用 L 号，即 170/76A 的尺寸规格。

━━━ 流程二　服装制板 ━━━

一、结构制图

试一试：请采用 L 号，即 170/76A 男裤原型（灰色部分为原型）进行结构制图。

注意先绘制前片，再在前片的基础上绘制后片。

（一）前后片结构制图（图6-1）

制图关键：

（1）男裤原型基础上经典水洗户外牛仔裤的廓型处理：该款式从原型横裆线垂直向上量上裆 - 腰头宽的量取新的腰围线，再从新的腰围线量取裤长 - 腰头宽，裤裆以上部分根据臀围在原型的基础上整体收进 0.3cm，前片按新腰围内收，后片保留 1cm 腰省量，裤裆以下按膝围、裤口宽尺寸绘制裤腿，注意膝围线比原型抬高 1 ~ 2cm。

（2）前片省道处理：前片所需的省道量从前中和侧缝撇掉，如果量太大的话，可设置在月亮袋分割线处，这里量较小，可不设置。

（3）后片省道处理：后片做育克分割，腰省合并转移至育克分割线处，如图6-2所示，后分割线尽量经过腰省尖点，以便进行腰省合并转移。

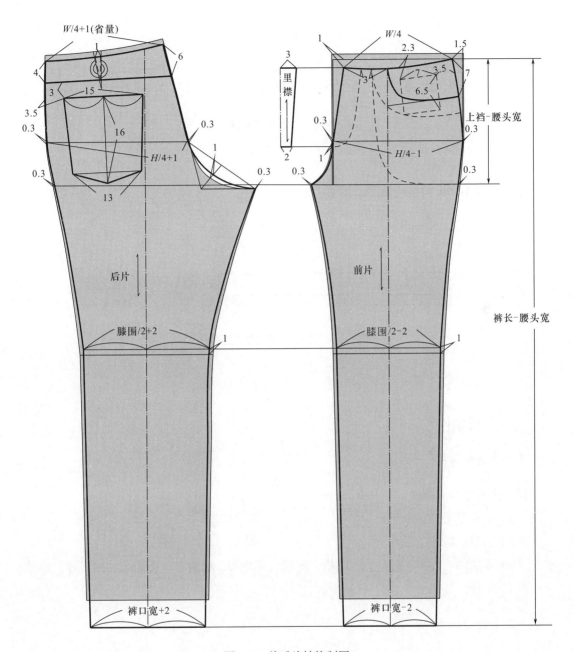

图 6-1 前后片结构制图

（4）口袋绘制：前片月亮袋分割线处根据腰臀差大小设置腰省，该款式因在低腰位，腰省较小，可不设置腰省，余量采用缩缝处理。

想一想：牛仔裤的膝围线为什么比原型的高？

牛仔裤的膝围线比原型抬高，有修长腿形的效果。

比一比：牛仔裤和原型的后窿门线弯势有什么不同？为什么？

牛仔裤比较贴体，后窿门弯势比原型的小，具有提臀和包臀的效果。

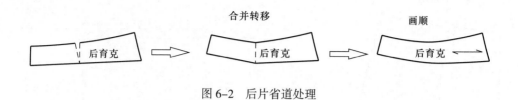

图 6-2　后片省道处理

（二）腰头和串带结构制图（图 6-3）

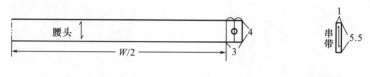

图 6-3　腰头和串带结构制图

二、样板制作

（一）复制样片

想一想： 样片有哪些，一共有几片？

（1）前身：前片。

（2）后身：后片、后育克。

（3）零部件：腰头、后贴袋、门襟、里襟、袋侧布、袋后布、袋前布、内袋片、串带。共有 12 片。

（二）检查样片

想一想： 需要检查的部位有哪些？

（1）长度检查：主要检查前、后外侧缝；前、后内侧缝等，如图 6-4 所示。

（2）拼合检查：主要检查前、后腰口线；前、后窿门；前、后裤口拼合等，如图 6-4 所示。

（三）制作净样板

面料净样板制作如图 6-5 所示，将检验后的样片进行复制，作为经典水洗户外牛仔裤的面料净样板。

重点提示： 因为面料纬纱有弹性，腰头面料采用经纱向。

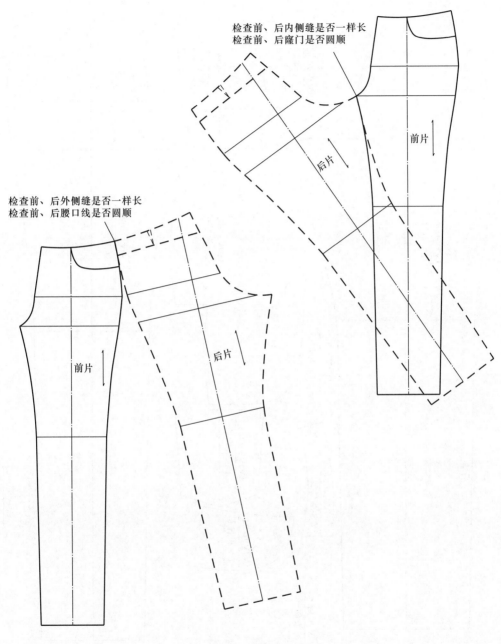

检查前、后内侧缝是否一样长
检查前、后窿门是否圆顺

后片

前片

检查前、后外侧缝是否一样长
检查前、后腰口线是否圆顺

前片

后片

图 6-4　样片检查

（四）制作毛样板

面料毛样板制作如图 6-6 所示，在经典水洗户外牛仔裤的面料净样板上，按图 6-6 所示各缝边的缝份进行加放。

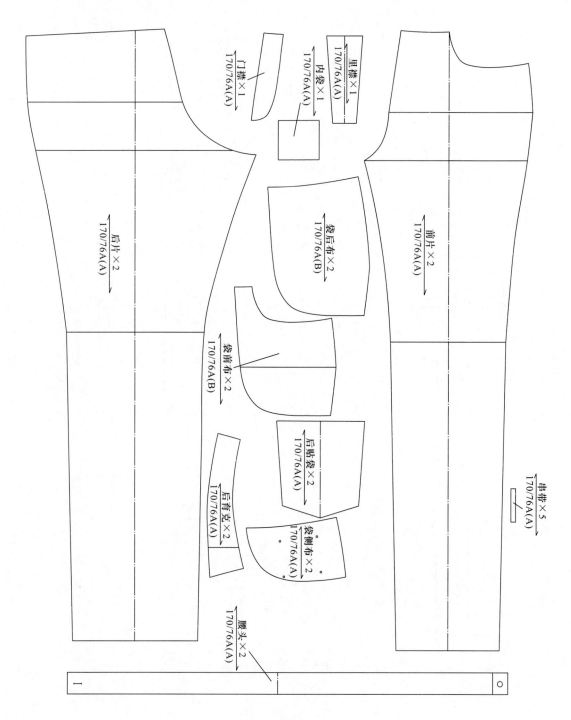

图6-5　净样板制作

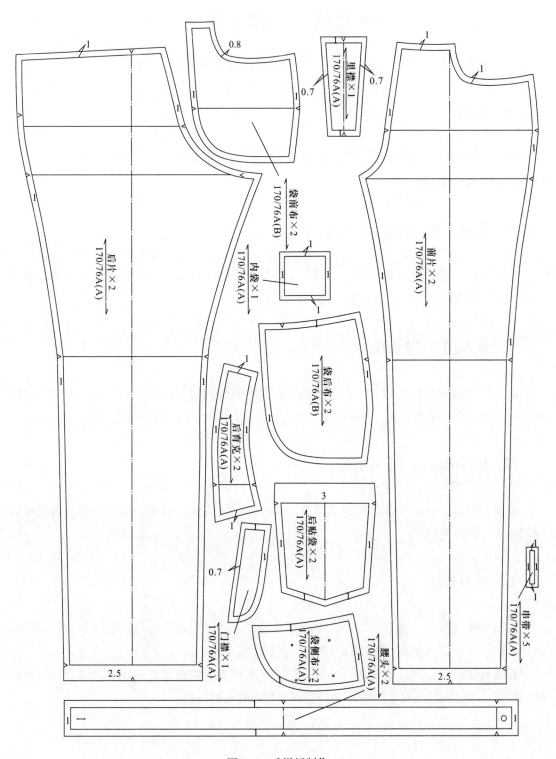

图 6-6 毛样板制作

流程三　样板检验

经典水洗户外牛仔裤款式样衣常见弊病和样板修正方法有以下内容。

一、夹裆

裤子穿着后后窿门吊紧，后裆缝嵌入股间，原因是低腰下落后，后窿门凹势不够，调整方法是增加后片后窿门凹势。

二、后裆下垂，臀部起涟漪状皱褶

后裆下垂，臀部起涟漪状皱褶，原因是后裆缝倾斜度太大，后起翘太高，调整方法是减小后片后裆缝倾斜度，侧缝相应移进，后起翘降低。

三、前窿门生"胡须"

前中线下端出现几条向上的八字型褶皱，俗称"长胡须"，原因是前片的小裆弯度凹势不足，调整方法是加大前片小裆弧线弯度。

四、抬腿时膝盖处有牵扯感

抬腿时膝盖处有牵扯感，原因是后窿门偏小，内侧缝画得太凹，调整方法是将后片后窿门加大，画顺内侧缝。

五、裤口外豁

前后外侧缝吊起，裤口向外豁，原因是横裆以下的部位前后外侧缝撇势不够，侧缝线太短，调整方法是加大前后片外侧缝撇势，将侧缝线延长。

样板修正以后要对样板再进行复核，包括长度检查、拼合检查，加放即将投产原材料的回缩量，牛仔布已经过水洗可不用加放，口袋布样板要加放。

流程四 样板缩放

一、前片及门里襟基础样板缩放

前片及门里襟基础样板各放码点计算公式和数值，如图6-7所示（括号内为放码点数值）。

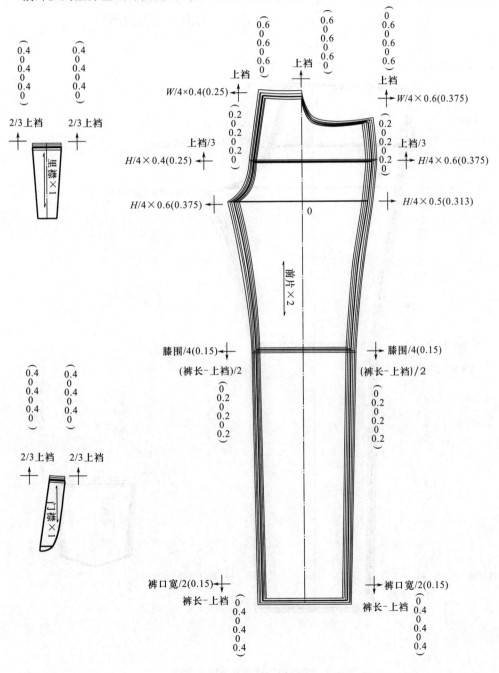

图6-7 前片及门里襟样板缩放

重点提示：前后片以裤子烫迹线和横裆线的交点为坐标原点，膝围线按 1/4 的比例缩放，裤口宽按 1/2 的比例对称缩放，而腰围、臀围和横裆两边按不同比例缩放，注意两边比值的分配。

二、后片和后贴袋基础样板缩放

后片和后贴袋基础样板各放码点计算公式和数值，如图 6-8 所示（括号内为放码点数值）。

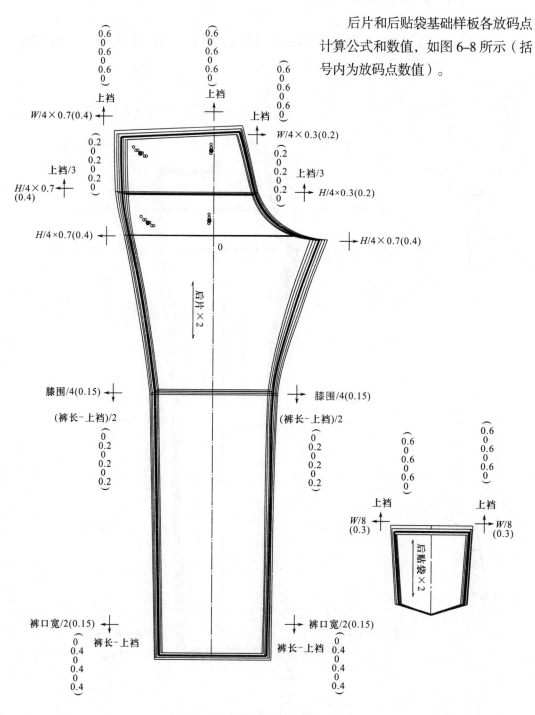

图 6-8　后片和后贴袋基础样板缩放

三、零部件基础样板缩放

零部件基础样板各放码点计算公式和数值，如图6-9所示（括号内为放码点数值）。

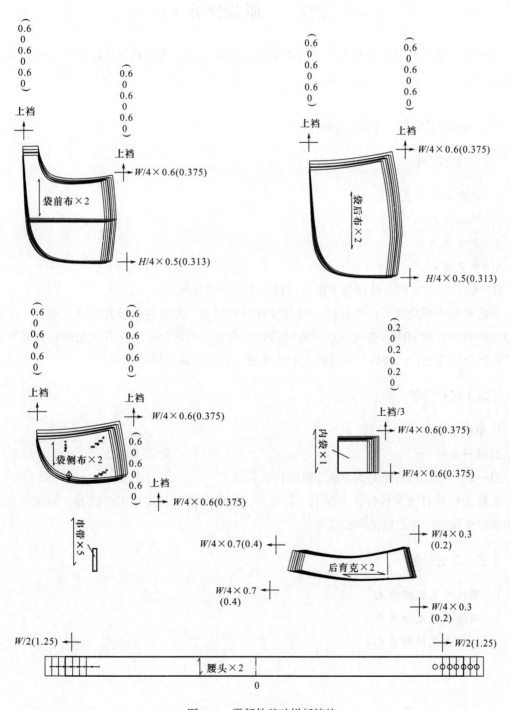

图6-9 零部件基础样板缩放

项目二　拼罗纹腰头亚麻短裤

━━ 流程一　服装分析 ━━

试一试：请认真观察表 6-3 所示的效果图，从以下几个方面对拼罗纹腰头亚麻短裤进行分析。

一、款式图分析（样衣分析）

（一）款式分析

1. 整体款式特点
2. 腰头特点
3. 开口特点
4. 口袋特点

比一比：该款式腰省处理与本模块项目一牛仔裤的异同点。

该款式与本模块项目一牛仔裤一样都没有设置腰省，都要进行腰省转移，项目一牛仔裤是前腰省转移到前中和侧缝，后腰省转移到后育克分割线处，而该款式前腰省转移到前插袋曲折分割线处，后腰口与罗纹腰头抽缩拼缝，后腰省量做抽缩处理。

（二）材料分析

1. 面料分析
2. 辅料分析

想一想：该款式所使用的亚麻面料有什么特点？

亚麻面料具有吸湿性好、无静电、抗拉力、抗腐耐热等特点，但弹性差、缩水率大，在制板时要注意增加放松量和缩水量。

（三）工艺分析

1. 整体工艺处理方式
2. 腰头工艺处理方式
3. 口袋工艺处理方式

表6-3 拼罗纹腰头亚麻短裤产品设计订单（一）

编号	NZ-602	品名	拼罗纹腰头亚麻短裤	季节	夏季

正视图

背视图

效果图 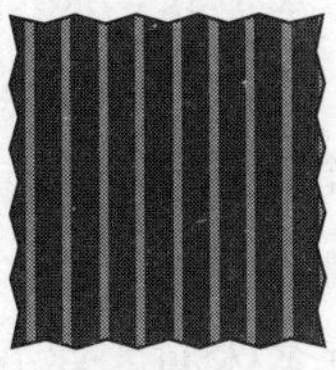　　　　　　面料A 　　　　　　面料B 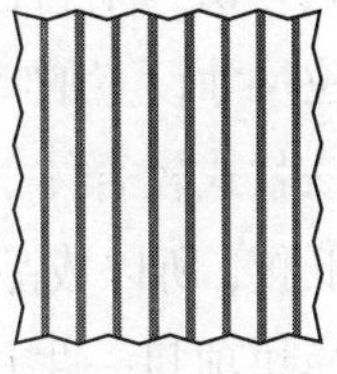　　　　　　辅料C

表6-4　拼罗纹腰头亚麻短裤产品设计订单（二）

编号	NZ-602	品名	拼罗纹腰头亚麻短裤		季节	夏季
尺寸规格表（单位：cm）						

号型 部位	165/68A	165/72A	170/74A	170/76A	175/80A	175/82A	180/84A
裤长	52	52	53	53	54	54	55
腰围	70	74	76	78	82	84	86
臀围	94	96	98	100	102	104	106
裤口宽	25.4	25.4	26	26	26.6	26.6	27.2
上裆（不含腰头宽）	23.5	23.5	24	24	24.5	24.5	25

款式说明

1. 整体款式特点：整体款式呈H型，裤长到膝盖上，腰腹合体，裤口略宽松，前片腰口不收裥，侧缝折线形插袋，后片腰口不收省，做单嵌线口袋

2. 腰头特点：略低腰，装腰头，腰头从折线插袋处开始拼装罗纹，有5个串带

3. 开口特点：前中开门里襟，开纽洞、钉纽扣和装拉链

4. 口袋特点：前片左右侧缝各一个折线形插袋，后片左右各一个拼罗纹单嵌线挖口袋

材料说明

1. 面料说明：裤身主要采用亚麻面料，腰头局部用罗纹面料，后单嵌线口袋的袋嵌采用罗纹面料

2. 辅料说明：腰里下口、门襟外缘用条纹涤棉布包边，袋布用条纹涤棉布，袋口处采用直纱牵条，3粒纽扣分别装在前袋口和腰头处，前中开门装普通拉链

工艺说明

1. 前后窿门拼缝缉双明线，裤口折边缝压缉单明线

2. 装腰头，亚麻部分贴纬纱腰衬，后腰罗纹部分略拉伸缩缝后裤腰口，腰里下口包边缝，拉拔缝腰里

3. 前片侧缝装折线形插袋，袋口开纽洞装纽扣，袋口压单明缉线0.15cm宽左右，后片开挖单嵌线口袋，袋口四周压单明缉线0.15cm宽左右

二、尺寸规格设计

想一想：短裤一般主要设置哪些部位尺寸？

裤长、腰围、臀围、裤口宽、上裆等。

试一试：请自己先对该款式设计尺寸规格表，然后对照表6-4的尺寸规格表，分析主要部位尺寸设置的特点。

该款式较合体，面料无弹性，所以臀围加放量略大，腰头部分拼接罗纹，腰围不加松量，因略低腰，所以成品腰围尺寸比正常腰围略大，裤口尺寸量取的位置是在膝盖上5cm左右。与本模块项目一牛仔裤一样，为了覆盖更多体型，部分号型采用相同号，腰围和臀围档差主要采用2cm，档差小，以满足身高相同但体型胖瘦的消费群体需求。中间板采用L号，即170/76A的尺寸规格。

流程二 服装制板

一、结构制图

试一试：请采用 L 号，即 170/76A 男裤原型（灰色部分为原型）进行结构制图。

注意先绘制前片，再在前片的基础上绘制后片。

（一）前后片结构制图（图6-10）

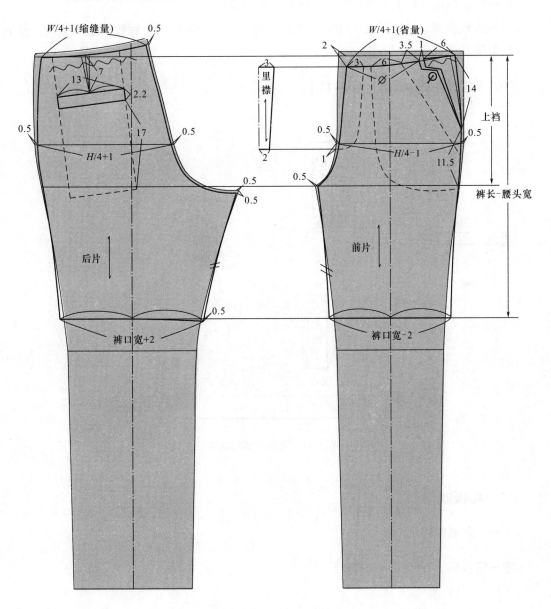

图6-10 前后片结构制图

制图关键：

（1）男裤原型基础上拼罗纹腰头亚麻短裤廓型的处理：该款式从原型横裆线垂直向上量上裆的尺寸取新的腰围线，再从新的腰围线量取裤长－腰头宽，裤裆以上部分根据臀围在原型的基础上整体收进 0.5cm，前片按新腰围内收，在口袋开口处设置 1cm 腰省量，后片保留 1cm 腰省量做缩缝量，裤裆以下按裤口宽尺寸绘制裤腿，注意后内侧缝裤口处略下降，与前内侧缝等长。

（2）口袋绘制：后片口袋上缘到后腰口线处，袋长控制在横裆线附近，前口袋腰省转移到前袋开口处。

想一想： 后片口袋上缘到后腰口线处有什么优点？

该款式较合体，后片口袋上缘到后腰口线处，可与后腰口线一起缝装进腰头内，使后臀部较平整。

（二）零部件结构制图（图 6-11）

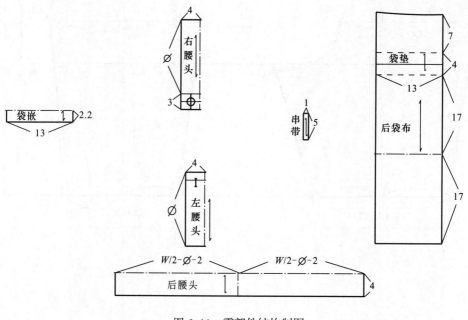

图 6-11　零部件结构制图

二、样板制作

（一）复制样片

想一想： 样片有哪些，一共有几片？

（1）前身：前片。

（2）后身：后片。

（3）零部件：右腰头、左腰头、后腰头、门襟、里襟、袋侧布、袋口贴边、袋后布、袋前布、袋嵌、袋垫、后袋布、串带。

共有 15 片。

（二）检查样片

想一想：需要检查的部位有哪些?

（1）长度检查：主要检查前、后外侧缝；前、后内侧缝等，如图 6-12 所示。

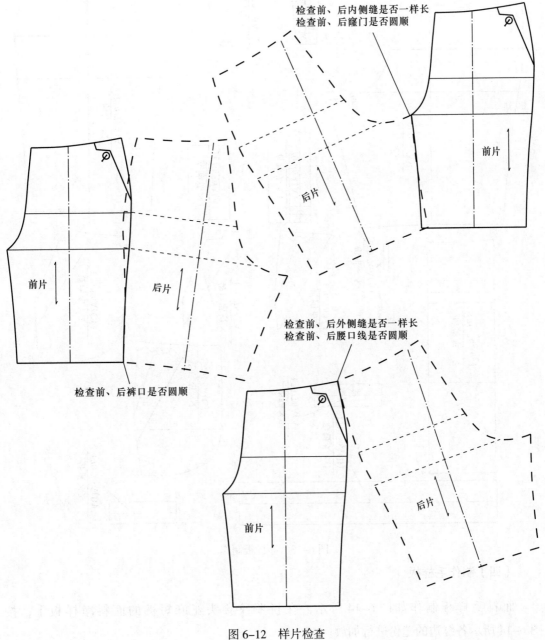

检查前、后内侧缝是否一样长
检查前、后窿门是否圆顺

前片

后片

前片

后片

检查前、后外侧缝是否一样长
检查前、后腰口线是否圆顺

检查前、后裤口是否圆顺

前片

后片

图 6-12 样片检查

（2）拼合检查：主要检查前、后腰口线；前、后窿门；前、后裤口拼合等，如图6-12所示。

（三）制作净样板

面料净样板制作如图6-13所示，将检验后的样片进行复制，作为拼罗纹腰头亚麻短裤的面料净样板，文字标注时要将所使用的不同面料标明。

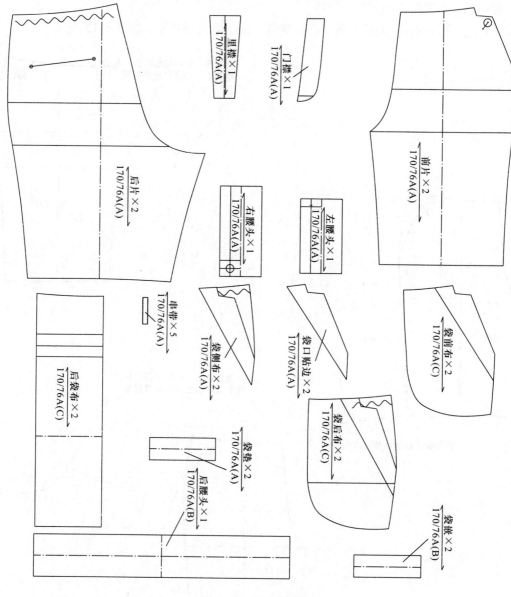

图6-13　净样板制作

（四）制作毛样板

面料毛样板制作如图6-14所示，在拼罗纹腰头亚麻短裤的面料净样板上，按图6-14所示各缝边的缝份进行加放。

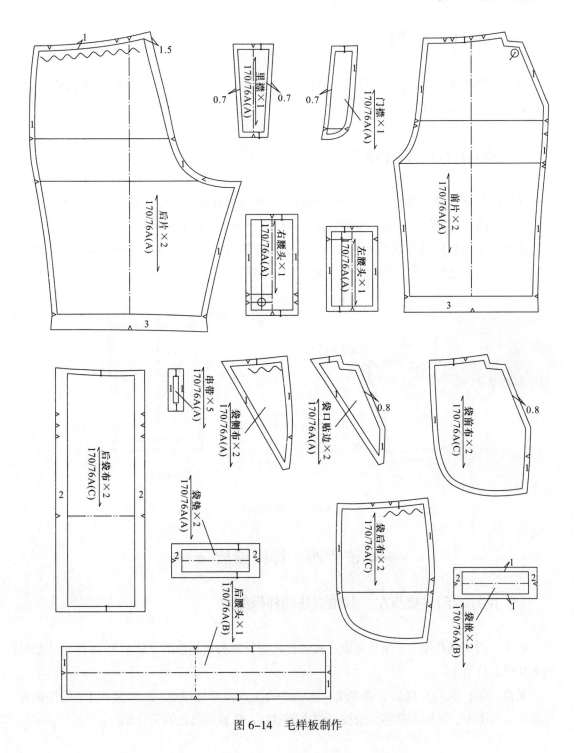

图 6-14　毛样板制作

流程三　样板检验

拼罗纹腰头亚麻短裤款式样衣常见弊病和样板修正方法可参照本模块项目一，其他部位常见弊病和样板修正方法有以下内容。

一、前裤口贴在大腿上

前裤口会贴在大腿上，原因是后片落裆不够，调整方法是将后片落裆加深，窿门略加大，内侧缝裤口线相应下降，如图6-15（a）所示。

二、前后裤口在大腿内侧堆绞

前后裤口在大腿内侧堆绞，原因是前后裤口在内侧缝处内收量不够，调整方法是增加前后裤口在内侧缝处的内收量，外侧缝相应外移，如图6-15（b）所示。

样板修正以后要对样板再进行复核，包括长度检查、拼合检查，加放即将投产原材料的回缩量，注意根据三种材料的回缩率调整对应的样板。

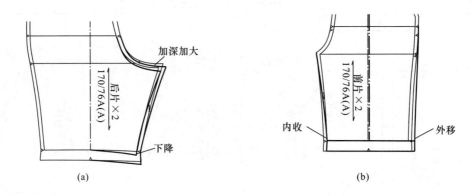

图6-15　样板修正

流程四　样板缩放

一、前片、门里襟及左、右腰头基础样板缩放

前片、门里襟及左、右腰头基础样板各放码点计算公式和数值，如图6-16所示（括号内为放码点数值）。

重点提示： 前后片以裤子烫迹线和横裆线的交点为坐标原点，裤口宽按1/2的比例对称缩放，而腰围、臀围和横裆两边按不同比例缩放，注意两边比值的分配。

二、后片、后腰头、袋嵌及袋垫基础样板缩放

后片、后腰头、袋嵌及袋垫基础样板各放码点计算公式和数值，如图6-17所示（括号内为放码点数值）。

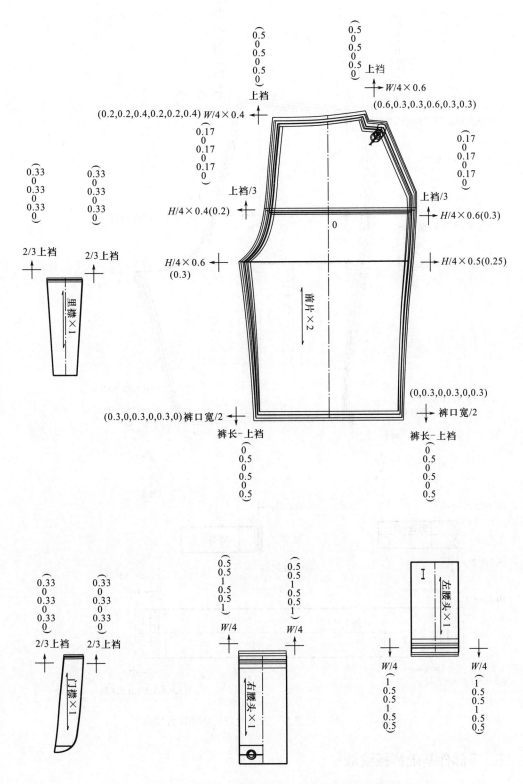

图6-16　前片、门里襟及左、右腰头基础样板缩放

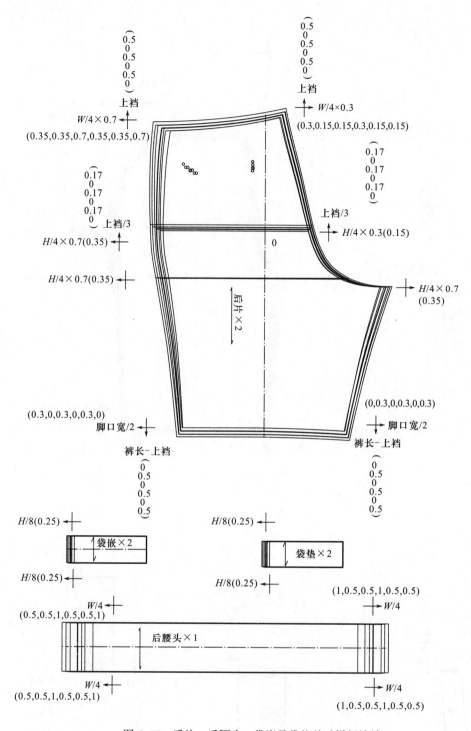

图6-17　后片、后腰头、袋嵌及袋垫基础样板缩放

三、零部件基础样板缩放

零部件基础样板各放码点计算公式和数值，如图6-18所示（括号内为放码点数值）。

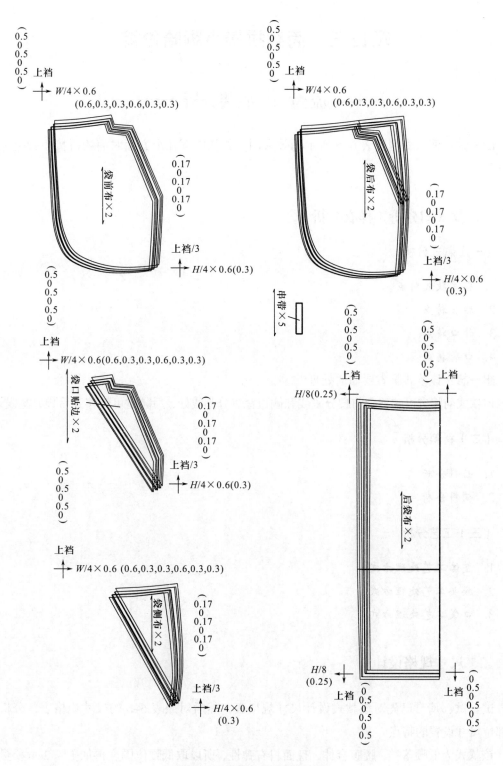

图 6-18 零部件基础样板缩放

项目三　简约拼接小脚哈伦裤

━━ 流程一　服装分析 ━━

试一试：请认真观察表6–5所示的效果图，并从以下几个方面对简约拼接小脚哈伦裤进行分析。

一、款式图分析（样衣分析）

（一）款式分析

1. 整体款式特点
2. 腰头特点
3. 开口特点
4. 口袋特点

想一想：该款式腰省要如何处理？

该款式前腰省可转移到前腰分割线和侧边育克分割线处，后腰省可转移到后腰分割线处。

（二）材料分析

1. 面料分析
2. 辅料分析

（三）工艺分析

1. 整体工艺处理方式
2. 腰头工艺处理方式
3. 口袋工艺处理方式

二、尺寸规格设计

试一试：请自己先对该款式设计尺寸规格表，然后对照表6–6的尺寸规格表，分析主要部位尺寸设置的特点。

该款式为低腰落裆，腰腹合体，且面料有弹性，所以取低腰位围度再加1~2cm松量，前后裆加较大下垂量，一般不少于10cm，大腿围也要相应增加较大的宽松量，足够满足臀围，可不设置臀围尺寸。中间板采用L号，即170/78A的尺寸规格。

表6-5 简约拼接小脚哈伦裤产品设计订单（一）

编号	NZ-603	品名	简约拼接小脚哈伦裤	季节	秋冬季

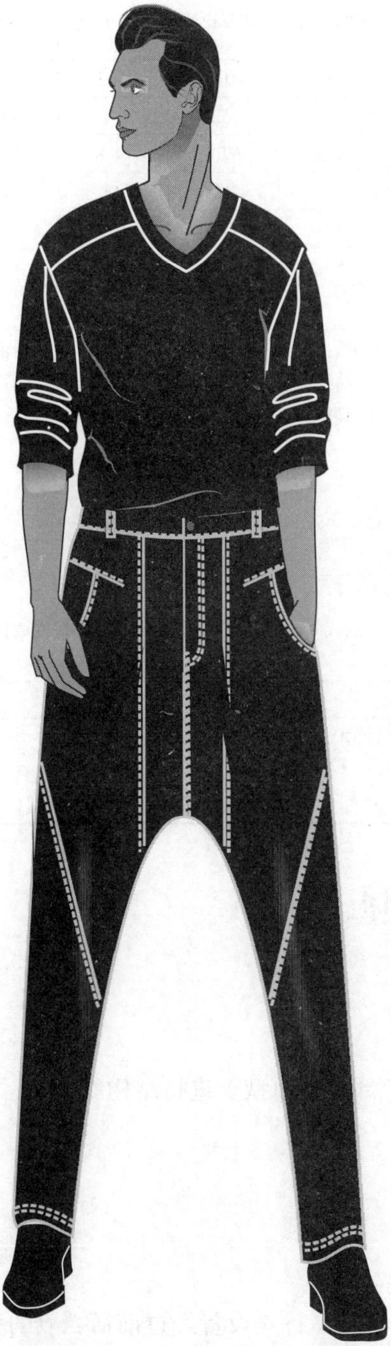

正视图

侧视图

效果图

背视图

面料

表6-6　简约拼接小脚哈伦裤产品设计订单（二）

编号	NZ-603	品名		简约拼接小脚哈伦裤			季节	秋冬季
尺寸规格表（单位：cm）								
部位 ＼ 号型	160/72A	165/74A	170/76A	170/78A	175/82A	180/84A	185/86A	
裤长	97	99	101	101	103	105	107	
腰围	75.5	77.5	79.5	81.5	85.5	87.5	89.5	
大腿围	62.3	63.6	64.9	66.2	67.5	68.8	70.1	
裤口	28	29	30	31	32	33	34	
前裆	45.5	46	46.5	47	47.5	48	48.5	
后裆	48.5	49	49.5	50	50.5	51	51.5	

款式说明

1. 整体款式特点：整体款式呈锥型，裤长到足底，腰腹合体，裤口收紧，低腰落裆，前片从腰口纵向分割至前裆处，从后片腰口侧边分割至前片内侧膝围处，从该分割线横斜向前分割至前片侧边，从该分割线下做斜插袋到后片侧边分割线处，后片从腰口中间纵向分割至后裆处，后育克分割下做单嵌线口袋

2. 腰头特点：低腰位装腰头，有5个串带

3. 开口特点：前中开门里襟，开纽洞、钉纽扣和装拉链

4. 口袋特点：前片左右侧缝各一个插袋至后片侧边分割线处，后片育克下左右各一个单嵌线挖口袋

材料说明

1. 面料说明：裤身主要采用洗水卫衣面料，纬向有弹性，经向无弹性

2. 辅料说明：前后袋布采用裤身面料，腰头上缘、袋口、前后育克分割线处采用直纱牵条，前中开口装普通拉链，钉1粒直径为1cm的四眼树脂扣

工艺说明

1. 裤口、前后窿门拼缝缉双明线，折边双针链缝，其他各部位拼缝后缉0.5cm宽单明线

2. 装腰头，贴纬纱腰衬，坐缉缝0.15cm宽左右

3. 前片侧缝装弧形插袋至后片侧边分割线处，袋口压单明缉线0.5cm宽左右，后片在后育克分割线处开挖单嵌线口袋

流程二　服装制板

一、结构制图

试一试：请采用 L 号，即 170/78A 男裤原型（灰色部分为原型）进行结构制图。注意先绘制前片，再在前片的基础上绘制后片。

（一）前片结构制图（图6-19）

制图关键：

（1）男裤原型基础上简约拼接小脚哈伦裤廓型的处理：首先设置经过前横裆点的垂直线为新前中心线，垂直下量前裆－腰头宽为新横裆线，然后将前片原型沿烫迹线剪开，扇形展开使新前裤片的横裆＝大腿围/2-1，再在此基础上绘制前裤片。

（2）前腰省处理：前腰口处设置两个腰省量，靠前中 0.7cm 的腰省设置在纵向分割线

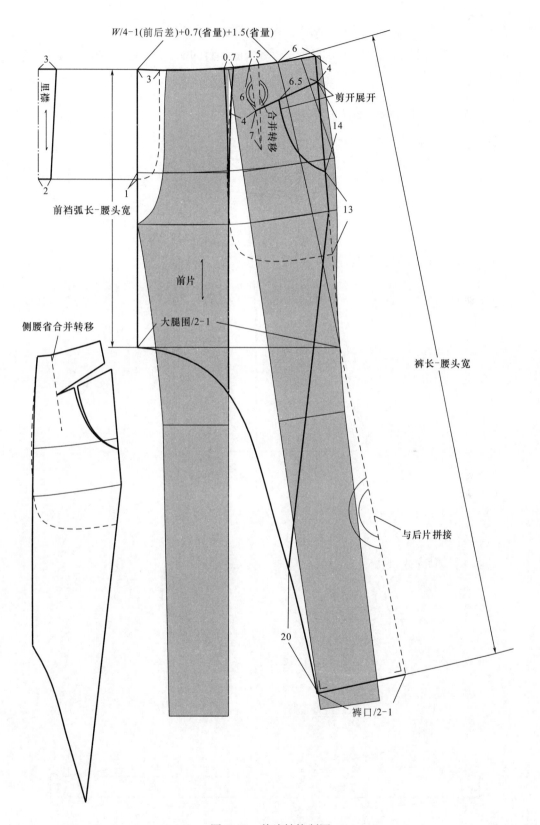

W/4-1(前后差)+0.7(省量)+1.5(省量)

里襟

前裆弧长-腰头宽

侧腰省合并转移

前片

剪开展开

合并转移

与后片拼接

大腿围/2-1

裤长-腰头宽

裤口/2-1

图6-19 前片结构制图

处，靠侧缝 1.5cm 的腰省合并分别转移到前育克分割线和插袋开口处，处理过程如图 6-19 所示。

（3）前口袋绘制：前片外侧缝线向后延伸 6cm 画新的侧缝线，在此基础上绘制前育克和前口袋。

（二）后裤片结构制图（图 6-20）

虚线部分为前片。

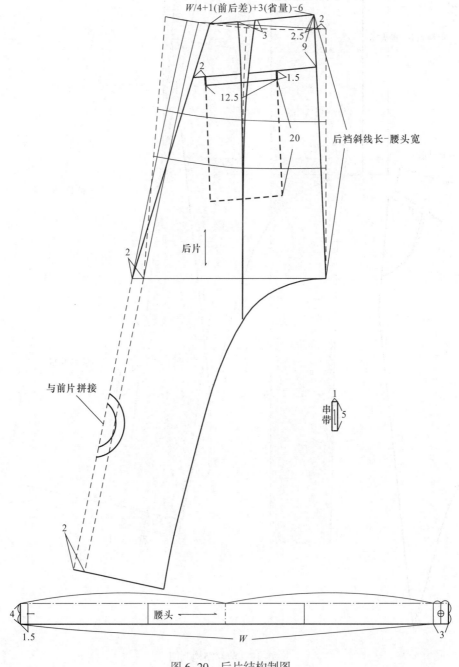

图 6-20 后片结构制图

二、样板制作

（一）复制样片

想一想：样片有哪些，一共有几片？

（1）前身：前中片、前侧片。

（2）后身：后中片、后侧片、后中育克、后侧育克。

（3）零部件：门襟、里襟、袋嵌、后口袋、串带、袋侧布、袋前布、腰头。

共有 14 片。

（二）检查样片

想一想：需要检查的部位有哪些？

（1）长度检查：主要检查前、后外侧缝；前、后内侧缝等，如图 6-21 所示。

（2）拼合检查：主要检查前、后腰口线；前片左、右内侧缝；后片左、右内侧缝；前、后裤口拼合等，如图 6-21 所示。

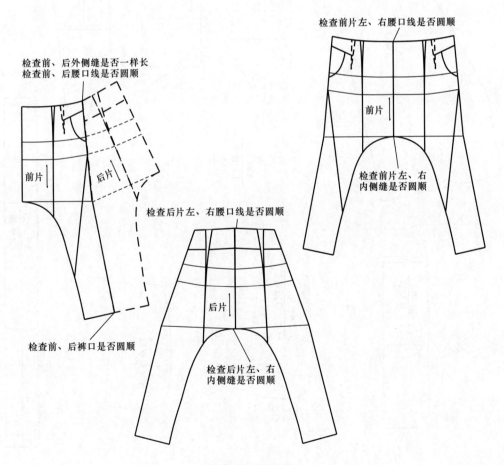

图 6-21　样片检查

（三）制作净样板

面料净样板制作如图 6-22 所示，将检验后的样片进行复制，作为简约拼接小脚哈伦裤的面料净样板。

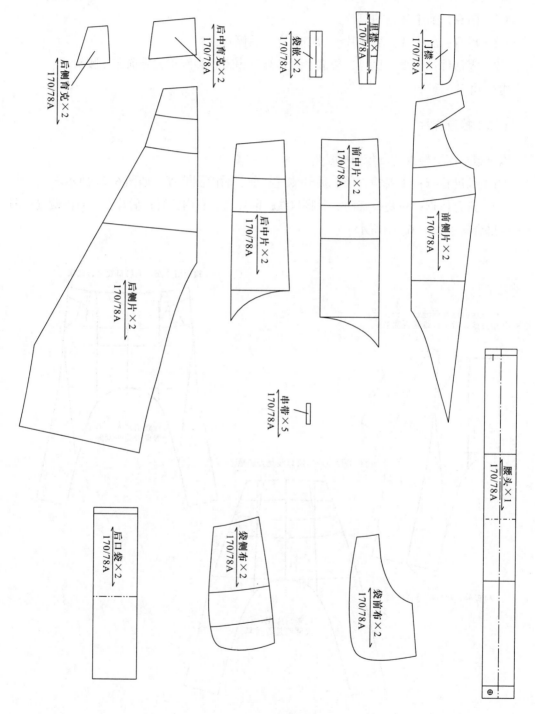

图 6-22　净样板制作

（四）制作毛样板

面料毛样板制作如图 6-23 所示，在简约拼接小脚哈伦裤的面料净样板上，按图 6-23 所示各缝边的缝份进行加放。

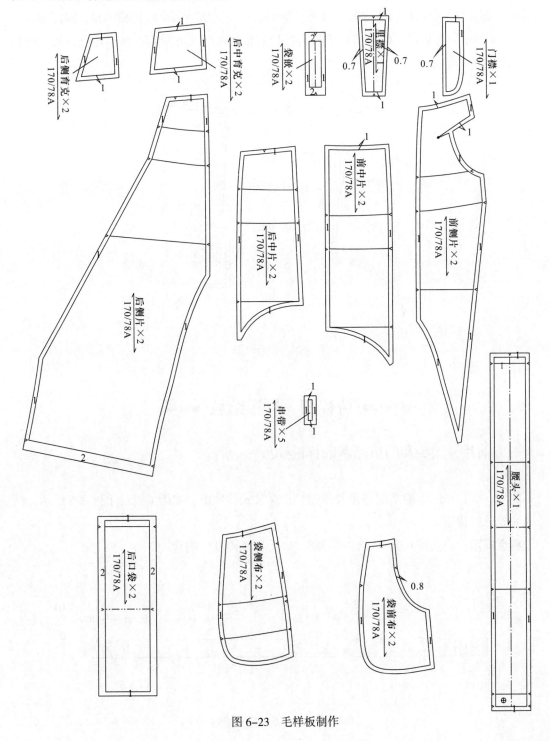

图 6-23　毛样板制作

━━━ **流程三　样板检验** ━━━

简约拼接小脚哈伦裤款式样衣主要检查裆部垂褶效果和穿着后舒适度测试结果，如果裆部垂褶量太多，会增加两腿之间的摩擦，影响活动，可从前后裆收进横裆量，减掉褶量，如图 6-24 所示。样板修正以后要对样板再进行复核，包括长度检查、拼合检查，加放即将投产原材料的回缩量。

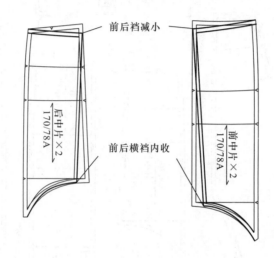

图 6-24　样板修正

━━━ **流程四　样板缩放** ━━━

一、前片、腰头和门里襟基础样板缩放

前片、腰头和门里襟基础样板各放码点计算公式和数值，如图 6-25、图 6-26 所示（括号内为放码点数值）。

重点提示： 前后裤片分别整体进行缩放以后再取内部分割片。

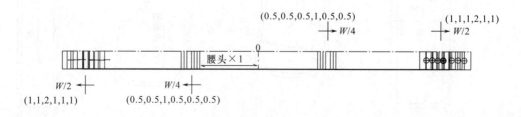

图 6-25　腰头基础样板缩放

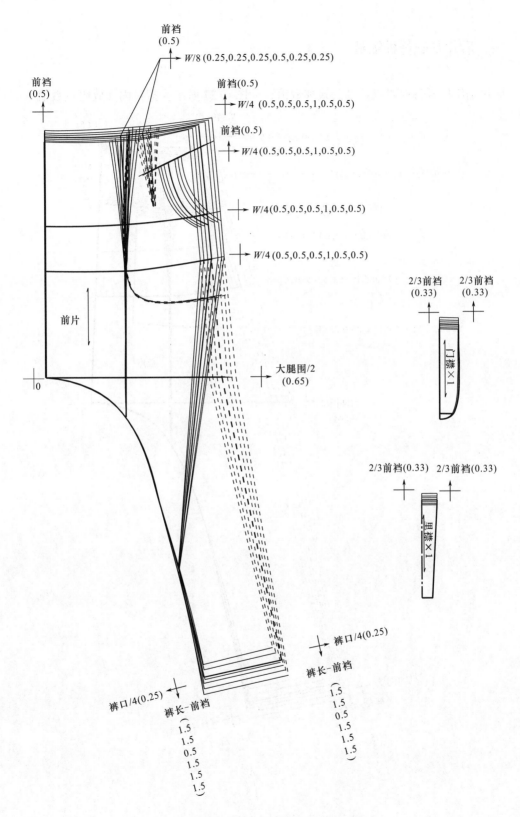

图6-26　前片、门里襟基础样板缩放

二、后片基础样板缩放

后片基础样板各放码点计算公式和数值，如图 6-27 所示（括号内为放码点数值）。

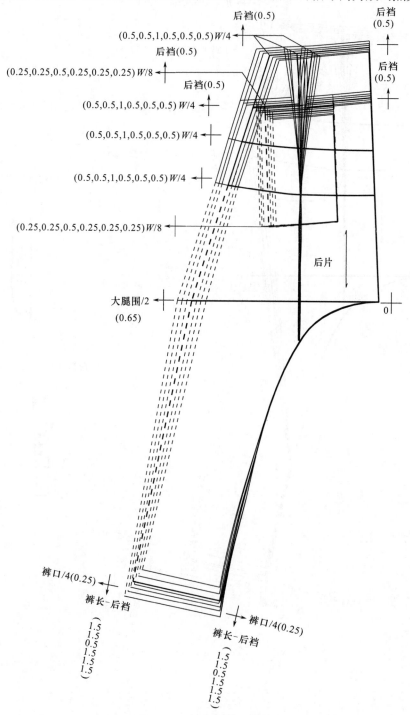

图 6-27　后片基础样板缩放

三、前后片系列样板

前后片分割片分别取出后的系列样板，如图 6-28 所示。

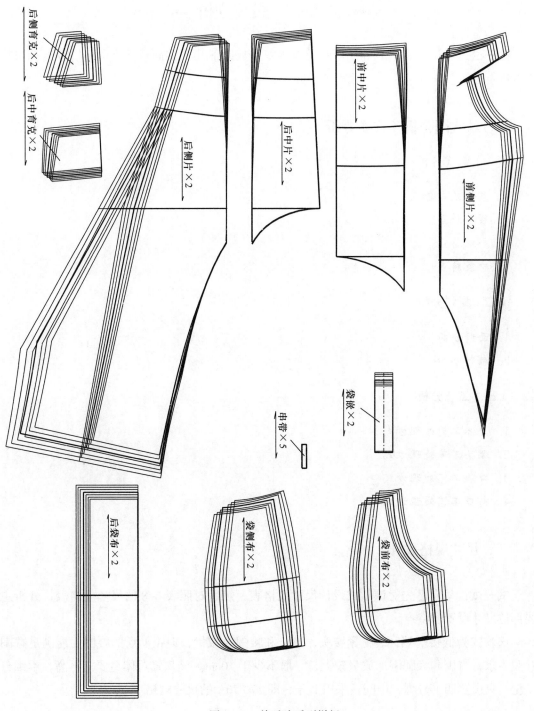

图 6-28 前后片系列样板

项目四　洗水牛仔拼罗纹裤口哈伦裤

━━ 流程一　服装分析 ━━

试一试：请认真观察表 6-7 所示的效果图，从以下几个方面对洗水牛仔拼罗纹裤口哈伦裤进行分析。

一、款式图分析（样衣分析）

（一）款式分析

1. 整体款式特点
2. 腰头特点
3. 裤口特点
4. 口袋特点

（二）材料分析

1. 面料分析
2. 辅料分析

（三）工艺分析

1. 整体工艺处理方式
2. 腰头工艺处理方式
3. 口袋工艺处理方式
4. 裤口工艺处理方式

二、尺寸规格设计

试一试：请自己先对该款式设计尺寸规格表，然后对照表 6-8 的尺寸规格表，分析主要部位尺寸设置的特点。

该款式为低腰落裆，装松紧腰头，裤长和腰围要减量，但拉伸后的腰围要能满足臀围穿脱需求，臀围和大腿围加放量较大，一般不少于 10cm。该款式对体型要求不高，不细分号型，只设置四个号型，中间板采用 L 号，即 170/76A 的尺寸规格。

表6-7　洗水牛仔拼罗纹裤口哈伦裤产品设计订单（一）

编号	NZ-604	品名	洗水牛仔拼罗纹裤口哈伦裤	季节	秋冬季

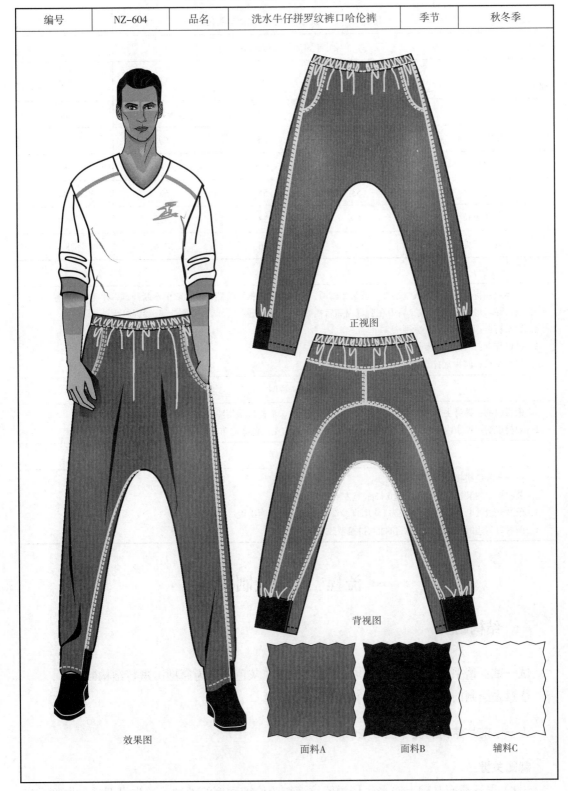

正视图

背视图

效果图

面料A　　面料B　　辅料C

表6-8　洗水牛仔拼罗纹裤口哈伦裤产品设计订单（二）

编号	NZ-604	品名	洗水牛仔拼罗纹裤口哈伦裤	季节	秋冬季
尺寸规格表（单位：cm）					

部位＼号型	M	L	XL	XXL
裤长	91.5	93	94.5	96
腰围（紧）	61	65	69	73
臀围	101	105	109	113
大腿围	53	55	57	59
裤口a（未拉伸）	26.8	28	29.2	30.4
裤口b（拉伸后）	34.8	36	37.2	38.4

款式说明

1. 整体款式特点：整体款式呈锥型，裤长到脚踝，裤口收紧，低腰落裆，前片前中不断开，后片后育克左右分割连裁，后裆弧形分割左右连裁，后中在后育克和后裆弧线分割之间断开，两边外侧缝线偏移前片
2. 腰头特点：低腰位装松紧腰头
3. 裤口特点：后裤口装罗纹布
4. 口袋特点：前片左右侧缝各一个插袋

材料说明

1. 面料说明：裤身主要用洗水牛仔面料，经纬向无弹性，后裤口采用罗纹布
2. 辅料说明：腰头内装1.3英寸（3.3cm）宽松紧带，袋布用白色涤棉布，前袋口使用直纱牵条

工艺说明

1. 裤身各部位拼接均压双明线
2. 装腰头，内装松紧带，坐缉缝0.15cm宽左右
3. 前片侧缝处断开做斜插袋，袋口使用直纱牵条，袋口压双明缉线
4. 前裤口折边缝1.5cm宽，后裤口抽缩拼接罗纹布

流程二　服装制板

一、结构制图

试一试：请采用 L 号，即 170/76A 男裤原型（灰色部分为原型）进行结构制图。
注意先绘制前片，再在前片的基础上绘制后片。

（一）前片结构制图（图6-29）

制图关键：

（1）男裤原型基础上洗水牛仔拼罗纹裤口哈伦裤廓型的处理：首先设置经过原型前横

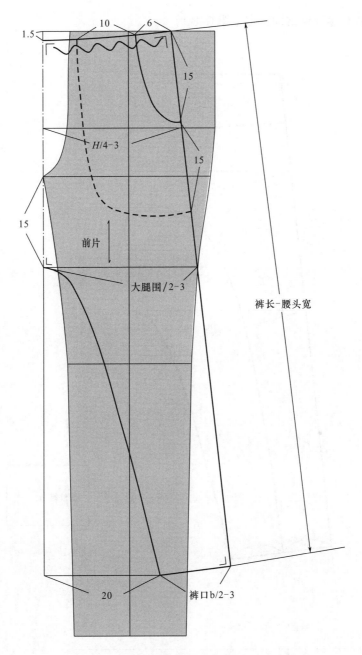

图 6-29　前片结构制图

档点的垂直线为新前中心线，再从前横档点垂直向下量 15cm 为新横档线，然后设置前片臀宽 = 臀围 /4-3 和横档 = 大腿围 /2-3，再在此基础上绘制前裤片。

（2）裤口处理：裤口先从前中心外移 20cm，然后再绘制裤口。外移量与垂档量有关，垂档量越大，外移量越大，反之越小，但不能小于两腿张开 30 度角的跨度量的 1/2，否则会影响走路。

（二）后片和零部件结构制图（图 6-30）

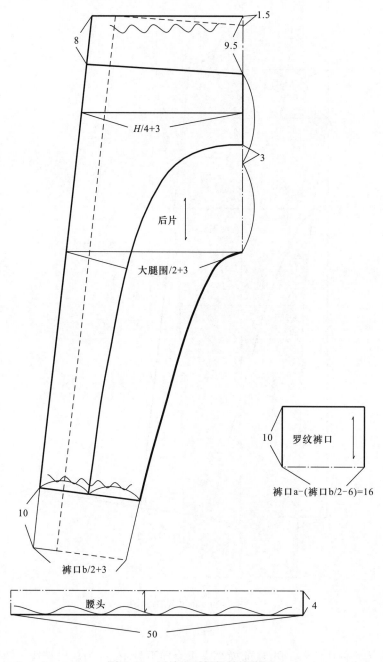

图 6-30　后片和零部件结构制图

重点提示： 虚线部分为前片，后片是在前片的基础上绘制的，前后差 3cm，使侧缝线前移。

二、样板制作

（一）复制样片

想一想：样片有哪些，一共有几片？

（1）前身：前片。

（2）后身：后育克、后中片、后下片。

（3）零部件：腰头、袋侧布、袋后布、袋前布、罗纹裤口。

共有 9 片。

（二）检查样片

想一想：需要检查的部位有哪些？

（1）长度检查：主要检查前、后片外侧缝；前、后片内侧缝等，如图 6-31 所示。

（2）拼合检查：主要检查前、后片腰口线；前片左、右内侧缝；后片左、右内侧缝；前、后片裤口拼合等，如图 6-31 所示。

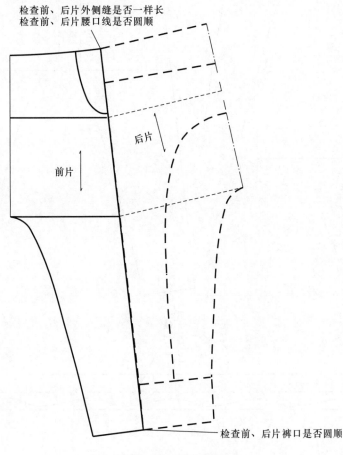

图 6-31　样片检查

（三）制作净样板

面料净样板制作如图 6-32 所示，将检验后的样片进行复制，作为洗水牛仔拼罗纹裤口哈伦裤的面料净样板。

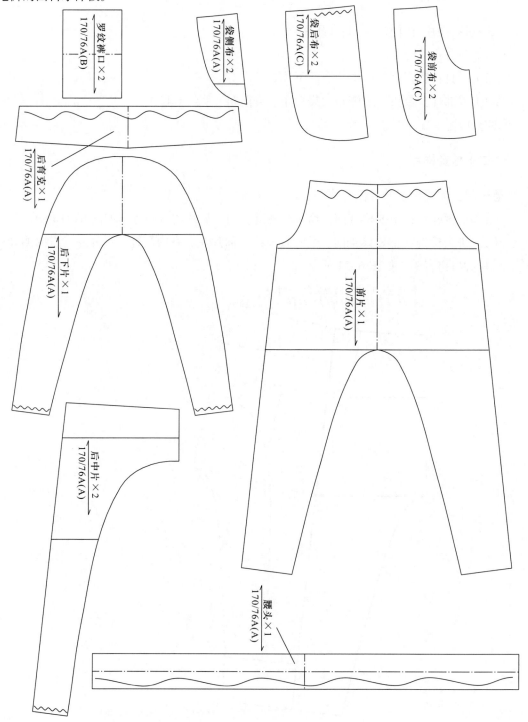

图 6-32　净样板制作

（四）制作毛样板

面料毛样板制作如图 6-33 所示，在洗水牛仔拼罗纹裤口哈伦裤的面料净样板上，按图 6-33 所示各缝边的缝份进行加放。

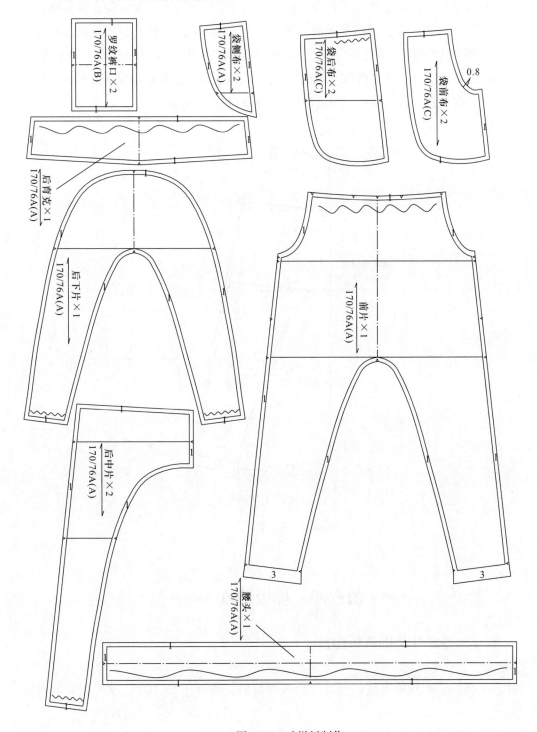

图 6-33　毛样板制作

流程三　样板检验

洗水牛仔拼罗纹裤口哈伦裤款式样衣主要检查裆部垂褶下落量、裤口间距量和穿着后舒适度测试结果，该款式样衣的裆部垂褶下落量较小，裤口间距量较小，要测试是否满足两脚自然行走张开的跨度，如果这两个地方太小的话会影响活动，就要增加这两个地方的量，可通过旋转前后片增加垂褶量和裤口间距量，如图 6-34 所示。样板修正以后要对样板再进行复核，包括长度检查、拼合检查，加放即将投产原材料的回缩量。

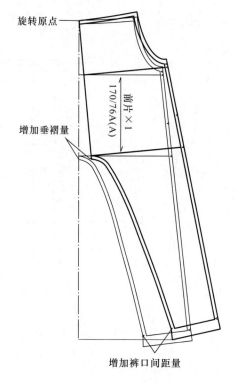

图 6-34　样片修正

流程四　样板缩放

一、前片、零部件基础样板缩放

前片、零部件基础样板各放码点计算公式和数值，如图 6-35 所示（括号内为放码点数值）。

重点提示：前后片分别整体进行缩放以后再取内部分割片。

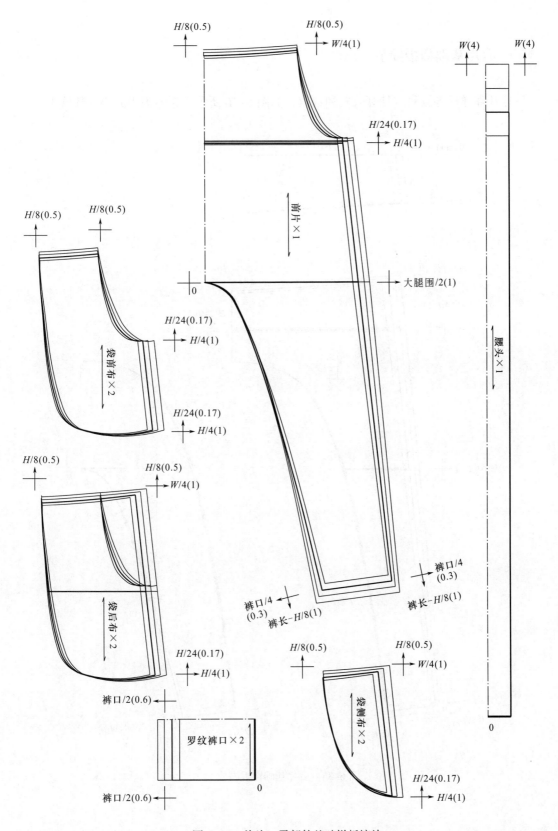

图 6-35　前片、零部件基础样板缩放

二、后片基础样板缩放

后片基础样板各放码点计算公式和数值，如图 6-36 所示（括号内为放码点数值）。

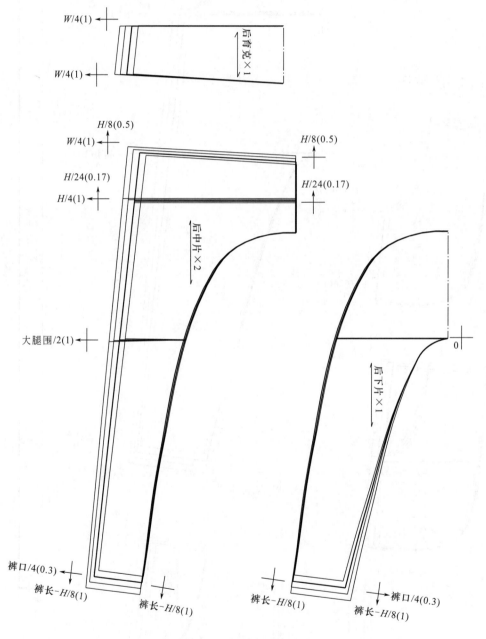

图 6-36　后片基础样板缩放

模块七　男休闲上衣制板

学习目标

1. 认识男休闲上衣常见品种和结构特点。
2. 掌握常规款式男休闲上衣的制板方法和流程。
3. 掌握男休闲上衣样板号型规格设置与放码规律。

学习重点

1. 男上装原型基础上变化各种造型上衣的板样处理方法。
2. 男休闲上衣不同领型和袖型的制图方法。
3. 男休闲上衣样板放码规律。

项目一　双丝光棉短袖 T 恤衫

流程一　服装分析

试一试：请认真观察表 7-1 所示的效果图，从以下几个方面对双丝光棉短袖 T 恤衫进行分析。

一、款式图分析（样衣分析）

（一）款式分析

1. 整体款式特点
2. 领子特点
3. 袖子特点

（二）材料分析

1. 面料分析
2. 辅料分析

拓展知识：双丝光棉是指棉纱线经过丝光处理后织成布，再将布进行丝光处理，即在纱线染色和后整理步骤中均进行丝光处理的棉织物，这类面料不仅保留了棉优良的天然特

表7-1　双丝光棉短袖T恤衫产品设计订单（一）

编号	NZ-701	品名	双丝光棉短袖T恤衫	季节	夏季

正视图

背视图

效果图　　　　面料A　　　　面料B　　　　面料C

表7-2 双丝光棉短袖T恤衫产品设计订单（二）

编号	NZ-604	品名	双丝光棉短袖T恤衫		季节	夏季

尺寸规格表（单位：cm）				
部位 ＼ 号型	S	M	L	XL
后中长	72.4	73.7	75	76.3
胸围/2	54	56	58	60
肩宽	47	48.3	49.6	50.9
袖长	24.2	25.4	26.6	27.8
袖口/2	17.8	18.4	19	19.6
袖窿/2	23.5	24.2	24.9	25.6
领长	41	41	42	42
领高	7	7	7	7
领宽	8.6	8.6	8.6	8.6
横开领	15.3	15.3	15.7	15.7
前领口深	9	9	9.2	9.2
门襟长	16	16	16	16
门襟宽	3.2	3.2	3.2	3.2
袋宽	12	12	12.5	12.5
袋深	13	13	13.5	13.5
肩颈点至袋口	22.5	23	23.5	24
门襟至袋边	7	7	7.5	7.5
小肩长	16.6	17.3	17.8	18.5

款式说明

1. 整体款式特点：衣身为直身型，较宽松，长度到臀围线下，前身贴六角袋
2. 领子特点：一片式翻领
3. 袖子特点：一片式短袖

材料说明

1. 面料说明：衣身采用红灰条纹针织面料，经纬向均有较大弹性，翻领采用横机罗纹领，前袋为红色针织面料
2. 辅料说明：领圈上领后包衣身同色滚条，前片里襟钉3粒四眼树脂扣

工艺说明

1. 侧缝、袖窿采用五线包缝，底边、袖口平车包光压单线2.3cm宽
2. 袋口加粘全衬布，袋口压明线宽2.8cm，袖窿、肩缝平车压0.15cm宽明线

性，而且具有丝一般的光泽，常用于高档男休闲上衣。

（三）工艺分析

1. 整体工艺处理方式

2. 口袋工艺处理方式

想一想：前口袋加贴全衬布有什么作用？

前口袋为六角袋，加贴全衬布有固定袋形和方便制作的作用。

二、尺寸规格设计

想一想：T恤衫一般主要设置哪些部位尺寸？

衣长、肩宽、胸围、腰围、摆围、袖长、袖口、领宽、领深、领围等。

试一试：请自己先对该款式设计尺寸规格表，然后对照表7-2的尺寸规格表，分析主要部位尺寸设置的特点。

该款式较宽松，所以围度加放量比较大，为20cm左右。领子是套头式的，要注意领宽、领深、前开襟设置以后的开口周长不能小于60cm，否则穿脱困难。中间板采用M号，即170/92A的尺寸规格。

━━━ 流程二　服装制板 ━━━

一、结构制图

试一试：请根据样衣和订单尺寸进行结构制图，中间板制作采用M号，即170/92A的尺寸规格。

注意先绘制后片，再在后片的基础上绘制前片（灰色部分为后片）。

（一）前后片结构制图（图7-1）

制图关键：

（1）前片绘制：前片是在后片的基础上绘制的，前中开口将0.5cm撇胸量作为装门里襟的缝边量，不另外加出，可使前中处较服贴，门里襟是在衣身上绘制以后复制出来的。

（2）前后袖窿处理：前后袖窿绘制完以后要注意测量长度与袖窿尺寸是否一样，如果不一样，要调整前后袖窿深。

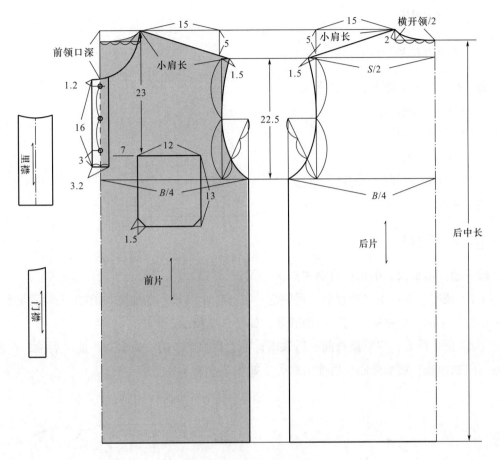

图7-1 前后片结构制图

（二）领子和袖子结构制图（图7-2）

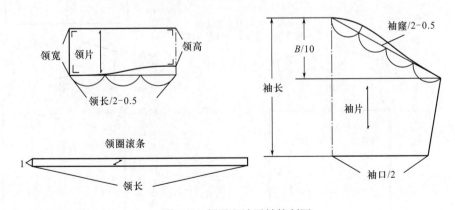

图7-2 领子和袖子结构制图

二、样板制作

（一）复制样片

想一想：样片有哪些，一共有几片？

（1）前身：前片。

（2）后身：后片。

（3）袖子：袖片。

（4）零部件：领片、门襟、里襟、口袋、领圈滚条。

共有 8 片。

（二）检查样片

想一想：需要检查的部位有哪些？

（1）长度检查：主要检查前、后侧缝；前、后小肩长；前袖窿与前袖山；后袖窿与后袖山；领底与前、后领圈；前、后袖缝等，如图 7-3 所示。

（2）拼合检查：主要检查前、后领圈；前、后袖窿；前、后底边；前、后袖口；前袖窿底与前袖山底；后袖窿底与后袖山底等，如图 7-3 所示。

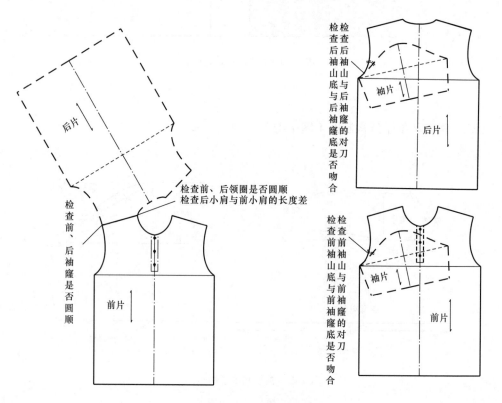

图 7-3　样片检查

（三）制作净样板

前后片和零部件面料净样板制作如图 7-4 所示，将检验后的样片进行复制，作为双丝光棉短袖 T 恤衫的面料净样板。

重点提示： 各部件采用的面料要标注清楚。

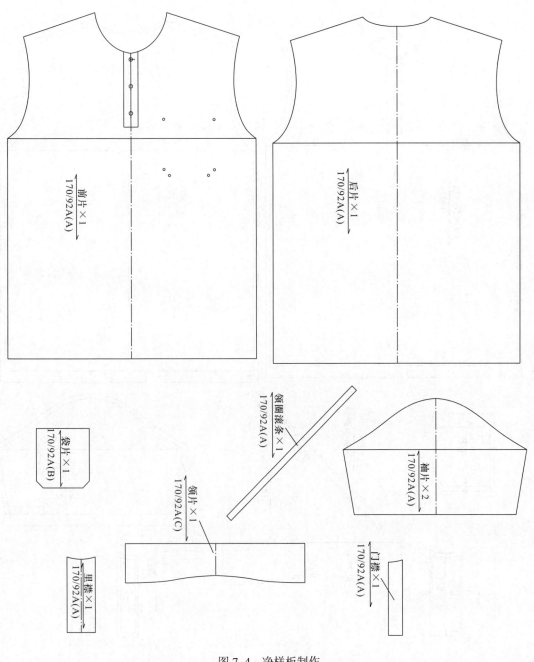

图 7-4　净样板制作

（四）制作毛样板

前后片和零部件面料毛样板制作如图7-5所示，在双丝光棉短袖T恤衫的面料净样板上，按图7-5所示各缝边的缝份进行加放。

重点提示：领片为横机罗纹领，只装领线加缝份。

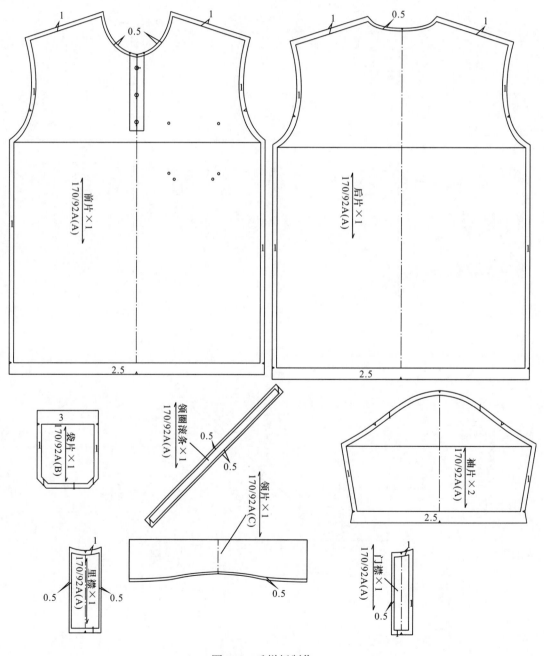

图7-5　毛样板制作

流程三　样板检验

双丝光棉短袖 T 恤衫款式样衣常见弊病和样板修正方法有以下内容。

一、后领口起涌

后领口周围出现横波纹的现象，原因是后领深太浅，后总肩宽太窄，后肩斜度太大。调整方法是增加后领深、后总肩宽，后肩斜度改小，如图 7-6（a）所示。

二、袖山不平顺起泡状褶

袖山不平顺起泡状褶，原因是袖山吃势过大，调整方法是减小袖山弧度，如图 7-6（b）所示。

样板修正以后要对样板再进行复核，包括长度检查、拼合检查，加放即将投产原材料的回缩量，注意根据三种材料的回缩率调整对应的样板。

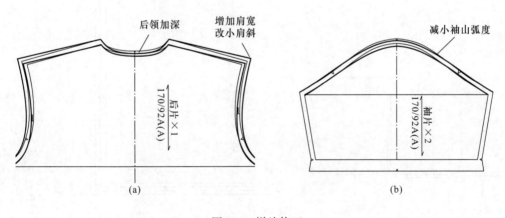

图 7-6　样片修正

流程四　样板缩放

一、前片、门里襟、领圈滚条及口袋基础样板缩放

前片、门里襟、领圈滚条及口袋基础样板各放码点计算公式和数值，如图 7-7 所示（括号内为放码点数值）。

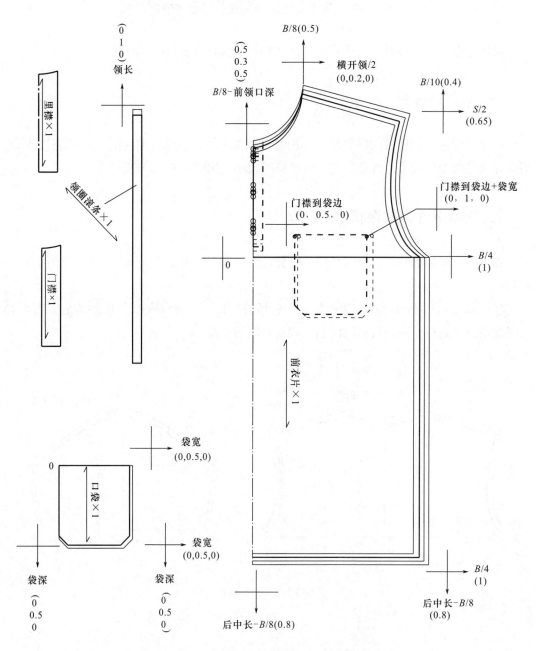

图 7-7　前片、门里襟、领圈滚条及口袋基础样板缩放

重点提示：前后片分别以前中线和前袖窿深线的交点、后中线和后袖窿深线的交点为坐标原点，胸围、摆围按 1/4 的比例缩放，肩宽、领宽按 1/2 的比例缩放。

二、后片、领片及袖片基础样板缩放

后片、领片及袖片基础样板各放码点计算公式和数值，如图 7-8 所示（括号内为放码点数值）。

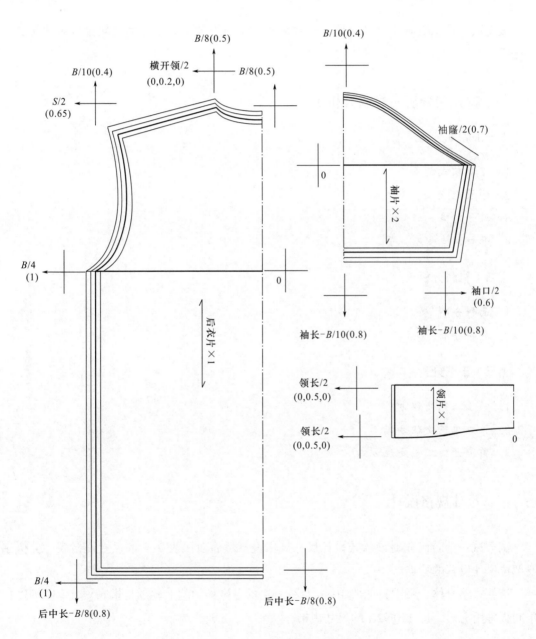

图 7-8 后片、领片及袖片基础样板缩放

项目二　大色块拼接短袖衬衣

━━━ 流程一　服装分析 ━━━

试一试：请认真观察表 7-3 所示的效果图，从以下几个方面对大色块拼接短袖衬衣进行分析。

一、款式图分析（样衣分析）

（一）款式分析

1. 整体款式特点
2. 领子特点
3. 袖子特点
4. 开口特点

（二）材料分析

1. 面料分析
2. 辅料分析

（三）工艺分析

1. 领子工艺处理方式
2. 袖口工艺处理方式
3. 前中开口工艺处理方式

二、尺寸规格设计

试一试：请自己先对该款式设计尺寸规格表，然后对照表 7-4 的尺寸规格表，分析主要部位尺寸设置的特点。

该款式略合体，胸围只加放 10cm 左右，注意男衬衫领的上领围是指底领上缘的围度，中间板采用 L 号，即 170/92A 的尺寸规格。

表7-3 大色块拼接短袖衬衣产品设计订单（一）

编号	NZ-702	品名	大色块拼接短袖衬衣	季节	夏季

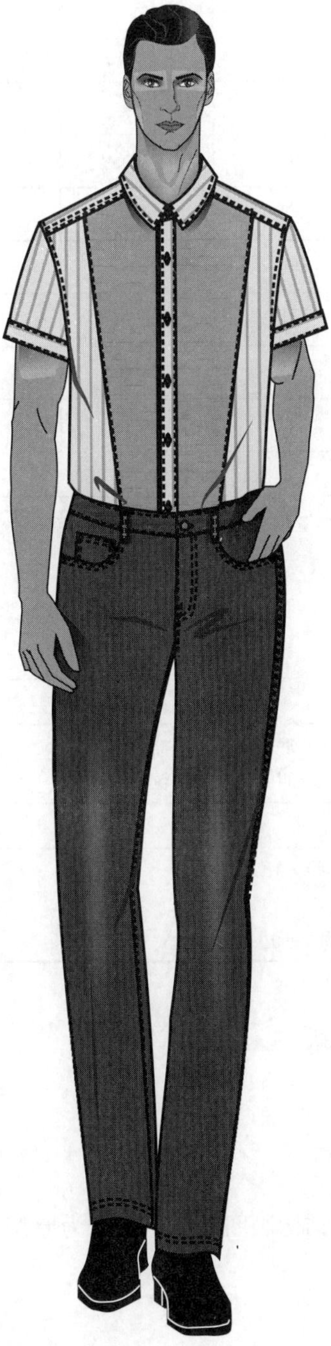

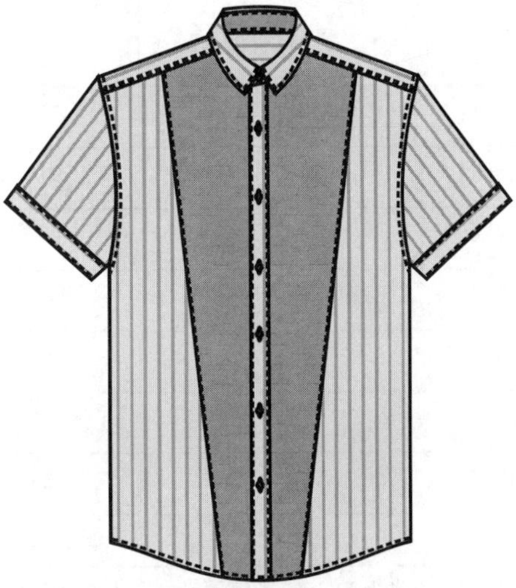

正视图

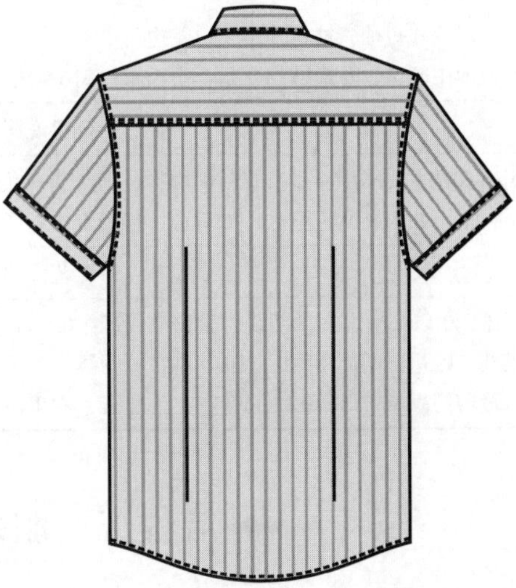

背视图

效果图

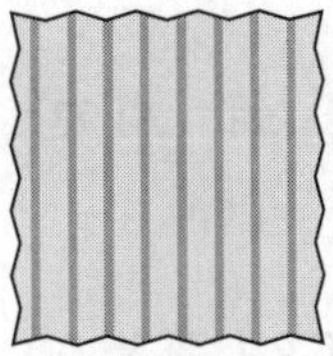

面料A   面料B

表7-4　大色块拼接短袖衬衣产品设计订单（二）

编号	NZ-702	品名	大色块拼接短袖衬		季节	夏季
尺寸规格表（单位：cm）						

部位 ＼ 号型	S	M	L	XL	XXL
后中长	68	70	72	74	76
胸围	93	97	101	105	109
腰围	86	90	94	98	102
肩宽	43.6	44.8	46	47.2	48.4
袖长	20	20.5	21	21.5	22
袖口	32	33.5	35	36.6	38
上领围	36	37.5	39	40.5	42

款式说明

1. 整体款式特点：衣身为直身型，收腰略合体，长度到臀围线下，弧形底边，前片从育克斜向下分割至底边，后片肩育克连至前肩，收两个腰省
2. 领子特点：分立式衬衫领
3. 袖子特点：一片式短袖，袖口外压袖口贴边
4. 开口特点：前中开口，左边贴门襟条，右边里襟钉6粒纽扣

材料说明

1. 面料说明：衣身主要采用灰蓝条纹纯棉面料，前片拼灰色纯棉面料，底领用灰色纯棉面料
2. 辅料说明：上下领用硬质树脂衬，袖口边、挂面加纸衬，底领钉1粒纽扣，里襟钉6粒纽扣

工艺说明

1. 底领四周压缉0.15cm宽左右单明线，翻领外周压缉0.5cm宽左右单明线
2. 袖口外压袖口贴边，四周压缉0.15cm宽左右单明线
3. 左门襟另裁剪门襟条，压缉0.15cm宽左右单明线，右里襟翻折挂面，折边缝2cm宽

流程二　服装制板

一、结构制图

试一试：请采用 L 号，即 170/92A 男上装原型进行结构制图（灰色部分为原型）。注意先绘制后片，再绘制前片。

（一）前后片结构制图（图 7-9）

制图关键：

（1）男上装原型基础上确定大色块拼接短袖衬衣前后片基础线：在男上装原型基础上

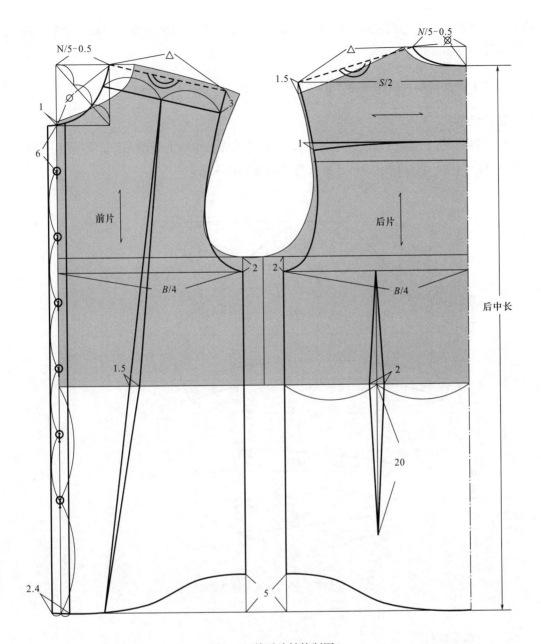

图 7-9　前后片结构制图

设置前后领宽、前后领深、前后肩斜、前后袖窿深，然后在此基础上设置长度线和宽度线，绘制前后片。

（2）后过肩绘制：后肩在原型基础上抬高 1.5cm，其中 1cm 为后育克省量，另 0.5cm 是为了使后肩线前移拼接前小肩片，前小肩片设置 3cm 宽，与后育克拼接成一片为后过肩。

想一想：后腰省量为什么比前腰省量大？

因为后身背腰宽落差大，前身胸腰宽落差小，所以后腰省量比前腰省量大，有利于塑造体型，该款式一半的胸腰围差值为 3.5cm，腰省根据前小后大原则，前腰省设为 1.5cm，后腰省设为 2cm。

（二）袖片和领片结构制图（图 7-10）

重点提示：

领子制图完以后要测量底领上缘围度是否与规格表中的上领围一致，如果不一致，要调整下领围长度，然后相应调整前后衣身领圈宽度和深度。

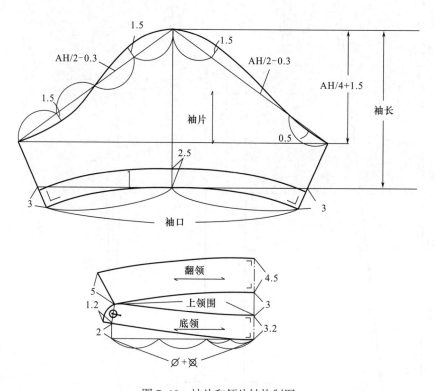

图 7-10　袖片和领片结构制图

二、样板制作

（一）复制样片

想一想：样片有哪些，一共有几片？

（1）前身：左前中、右前中、前侧片。

（2）后身：后片、后过肩。

（3）袖子：袖片。

（4）零部件：底领、翻领、贴襟、袖口贴边。

共有 10 片。

（二）检查样片

想一想：需要检查的部位有哪些？

（1）长度检查：主要检查前、后侧缝；前、后小肩；前、后领圈与领口线；前、后袖窿与袖山弧线；前、后袖缝等，如图 7-11 所示。

（2）拼合检查：主要检查前、后领圈；前、后底边；前、后袖窿；前、后袖窿底；前袖山底与前袖窿底；后袖山底与后袖窿底；前领圈与装领线等，如图 7-11 所示。

（三）制作净样板

前后片和零部件面料净样板制作如图 7-12 所示，将检验后的样片进行复制，作为大色块拼接短袖衬衣的面料净样板。

重点提示：各部件采用的面料要标注清楚。

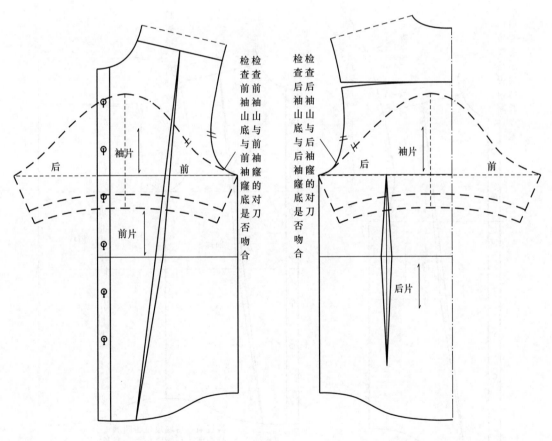

图 7-11

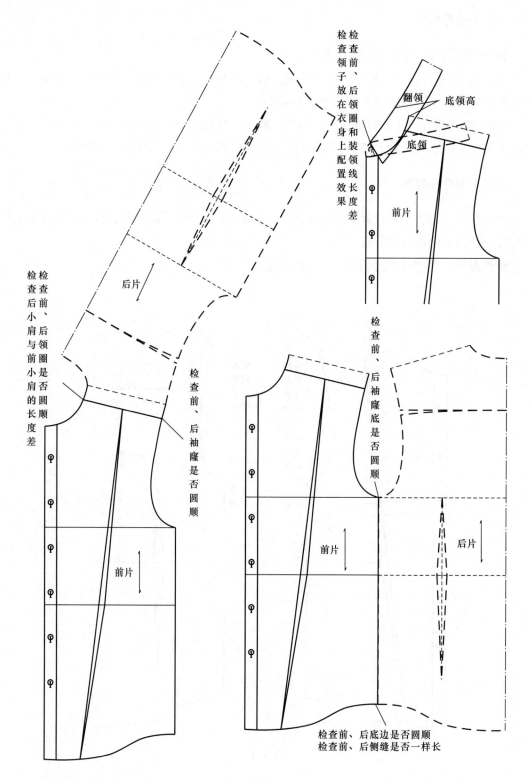

检查前、后领圈和装领线长度差

检查领子放在衣身上配置效果

翻领　底领高

底领

前片

检查后小肩与前小肩的长度差

检查前、后领圈是否圆顺

检查前、后袖窿是否圆顺

后片

前片

检查前、后袖窿是否圆顺

检查前、后袖窿底是否圆顺

前片

后片

检查前、后底边是否圆顺
检查前、后侧缝是否一样长

图 7-11　样片检查

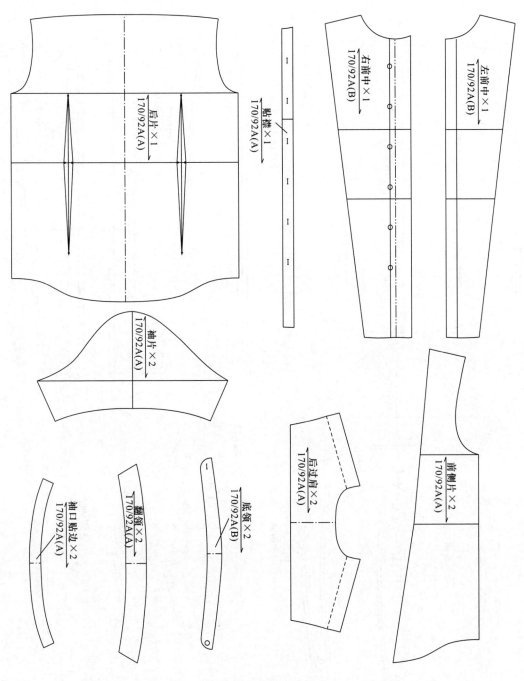

图 7-12　净样板制作

（四）制作毛样板

前后片和零部件面料毛样板制作如图 7-13 所示，在大色块拼接短袖衬衣的面料净样板上，按图 7-13 所示各缝边的缝份进行加放。

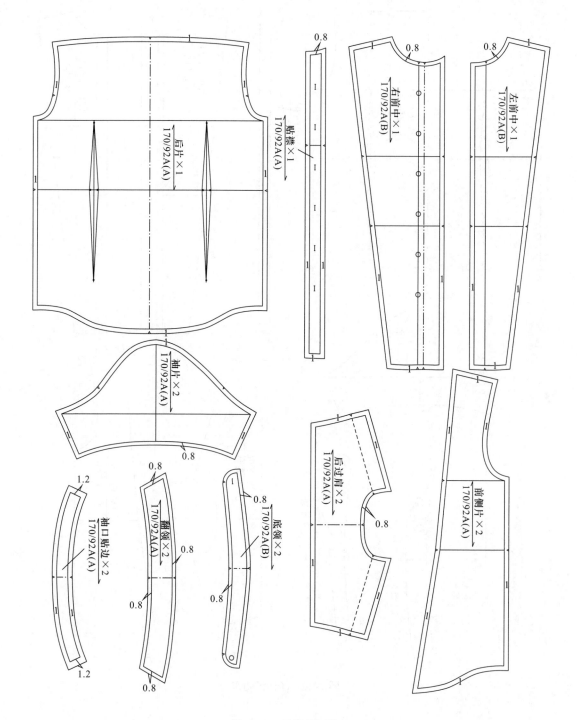

图 7-13 毛样板制作

重点提示： 袖口贴边做在袖口外边，缝份要比袖口大，使之里外匀，不吐里；底边卷边缝只加 1cm 缝份。

━━ 流程三　样板检验 ━━

大色块拼接短袖衬衣款式样衣常见弊病和样板修正方法有以下内容。

一、前领口起涌

前中心线的领口处产生涌起现象，原因是领子下口线的形状与衣身的领圈线在前中线部位没有吻合，凹势大，使得衣身产生多余的横向皱褶。调整方法是领下口线与领圈线在前端部位要吻合画顺。

二、袖山不平顺起泡状褶

袖山不平顺起泡状褶，原因是袖山吃势过大，调整方法是减小袖山弧度。

三、底领外露

翻领翻不到翻折线位置，致使底领外露，原因是领子后翘不足，翻领外口线太短。调整方法是增加后起翘，放长翻领外口线，如图 7-14（a）所示。

四、底领上口外翻

纽扣不扣时，在领前部的底领上口外翻；当纽扣扣紧时，翻领部分绷紧，领上口过分贴近人体的颈部而使颈部不舒服，原因是翻领部分的弯度不够大。调整方法是将翻领上口线弯度调大一点，同时加大底领下口弧线长，如图 7-14（b）所示。

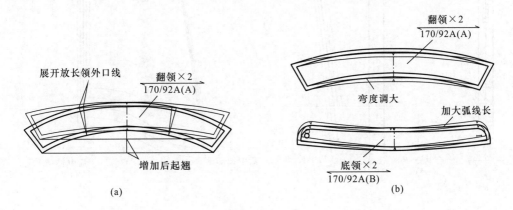

图 7-14　样片修正

样板修正以后要对样板再进行复核，包括长度检查、拼合检查，加放即将投产原材料的回缩量，注意根据两种面料的回缩率调整对应的样板。

流程四 样板缩放

一、左前片和前侧片基础样板缩放

左前片和前侧片基础样板各放码点计算公式，如图 7-15 所示（括号内为放码点数值）。

重点提示：前后片分别以前中线和前袖窿深线的交点、后中线和后袖窿深线的交点为

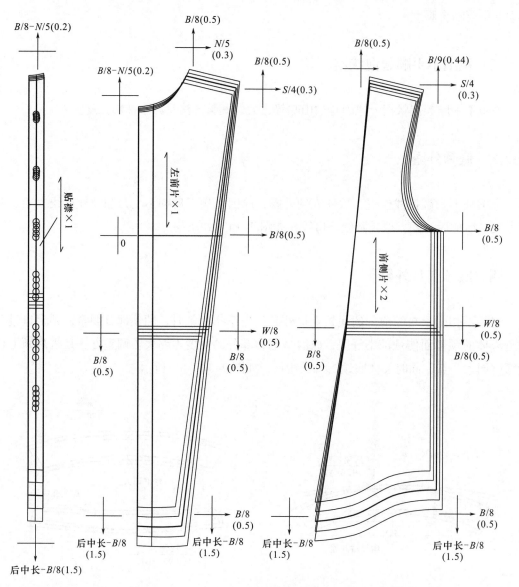

图 7-15　左前片和前侧片样板缩放

坐标原点，胸围、摆围按 1/4 的比例缩放，肩宽按 1/2 的比例缩放。

二、右前片、后片及后育克基础样板缩放

右前片、后片及后育克基础样板各放码点计算公式和数值，如图 7-16 所示（括号内为

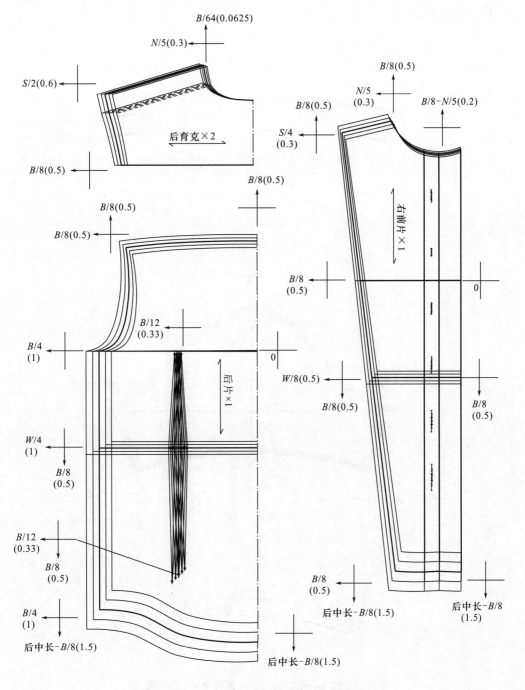

图 7-16　右前片、后片及后育克基础样板缩放

放码点数值）。

三、袖片、袖口贴边、底领及翻领基础样板缩放

袖片、袖口贴边、底领及翻领基础样板各放码点计算公式和数值，如图7-17所示（括号内为放码点数值）。

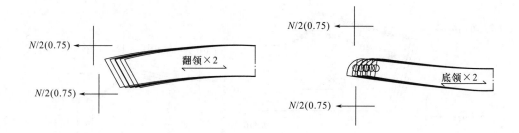

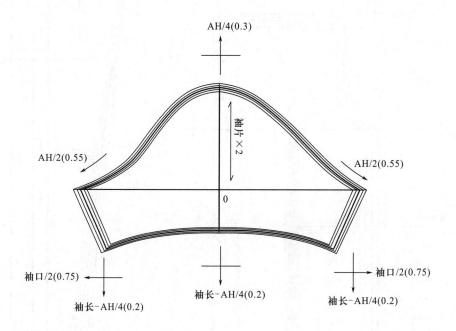

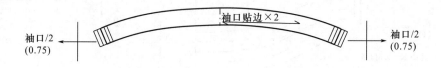

图7-17　袖片、袖口贴边、底领及翻领基础样板缩放

项目三　针织拼接格子七分插肩袖衬衫

━━ 流程一　服装分析 ━━

试一试：请认真观察表 7-5 所示的效果图，从以下几个方面对针织拼接格子七分插肩袖衬衫进行分析。

一、款式图分析（样衣分析）

（一）款式分析

1. 整体款式特点
2. 领子特点
3. 袖子特点
4. 开口特点

（二）材料分析

1. 面料分析
2. 辅料分析

（三）工艺分析

1. 领子工艺处理方式
2. 袖口工艺处理方式
3. 前中开口工艺处理方式

二、尺寸规格设计

试一试：请自己先对该款式设计尺寸规格表，然后对照表 7-6 的尺寸规格表，与项目二男衬衫进行对比，分析主要部位尺寸设置的特点。

该款式略宽松，胸围加放 11cm，注意该衬衫为休闲型，领子上领围要比本模块项目二略大，袖子为七分插肩袖，袖长从肩颈点到肘部下 8cm，由于接松紧针织袖头，袖长还需要增加 2cm 松垂量。中间板采用 L 号，即 170/92A 的尺寸规格。

表7-5　针织拼接格子七分插肩袖衬衫产品设计订单（一）

编号	NZ-703	品名	针织拼接格子七分插肩袖衬衫	季节	春秋季

正视图

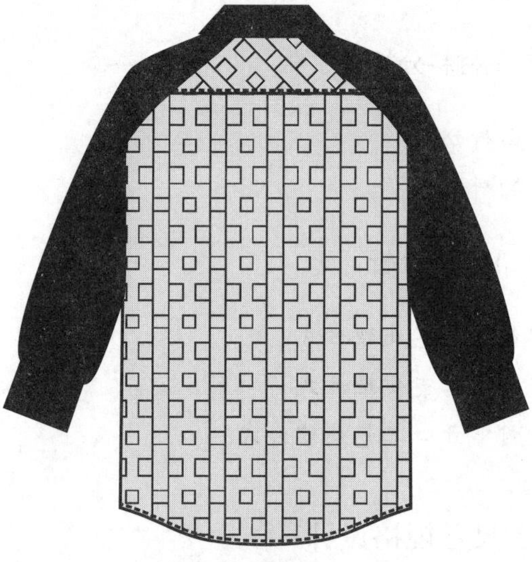

背视图

效果图

面料A

面料B

表7-6 针织拼接格子七分插肩袖衬衫产品设计订单（二）

编号	NZ-703	品名	针织拼接格子七分插肩袖衬衫		季节	春秋季
尺寸规格表（单位：cm）						

号型 部位	S	M	L	XL	XXL
后中长	69	71	73	75	77
胸围	95	99	103	107	111
袖肥	37.5	39	40.5	42	43.5
袖长（从肩颈点量）	63.6	64.8	66	67.2	68.4
袖口（紧）	21	22	23	24	25
上领围	40.1	41.3	42.5	43.7	44.9
袖头高	8	8	8	8	8

款式说明

1. 整体款式特点：衣身为直身型，略宽松，长度到臀围线下，弧形底边，前片左边一个五角贴袋，后片育克分割
2. 领子特点：分立式衬衫领
3. 袖子特点：一片式插肩七分袖，袖口接松紧针织袖头
4. 开口特点：前中开口，左右都贴门襟条，右边里襟钉6粒纽扣

材料说明

1. 面料说明：衣身主要采用灰蓝格子纯棉梭织面料，领子、袖子和口袋采用藏青色针织纯棉面料，经向弹性较好，纬向无弹性
2. 辅料说明：上下领用硬质树脂衬，贴襟、袋口贴边用纸衬，后育克缝边加直纱牵条，底领钉1粒纽扣，里襟钉6粒纽扣

工艺说明

1. 底领四周压缉0.15cm宽单明线，翻领外周压缉0.5cm宽单明线
2. 袖口拉伸后拼接袖头，形成抽缩效果
3. 左右门襟均另外裁剪门襟条，压缉0.15cm宽单明线

流程二　服装制板

一、结构制图

试一试：请采用 L 号，即 170/92A 男上装原型进行结构制图（灰色部分为原型）。
注意先绘制后片，再绘制前片，前后片和零部件结构制图如图 7-18、图 7-19 所示。
制图关键：
（1）男上装原型基础上确定针织拼接格子七分插肩袖衬衫前后片基础线：在男上装原

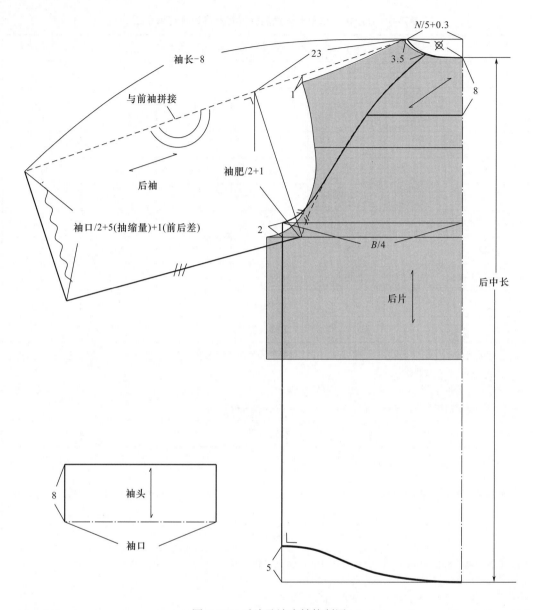

图 7-18　后片及袖头结构制图

型基础上设置前后领宽、前后领深、前后肩斜、前后袖窿深，然后在此基础上设置长度线和宽度线，绘制前后片。

（2）插肩袖绘制：插肩袖的后袖中线是在后衣身原型基础上将肩点抬高 1cm 后的肩线延伸而成的，而前袖中线是在前衣身原型基础上将肩点下降 1cm 后的肩线延伸而成的，后袖肥、后袖口分别比前袖肥、前袖口大，前后插肩袖分别绘制完以后在袖中线处拼接成一片，注意前后袖缝线要等长。

想一想：为什么后袖中线要抬高 1cm，前袖中线反而下降 1cm？

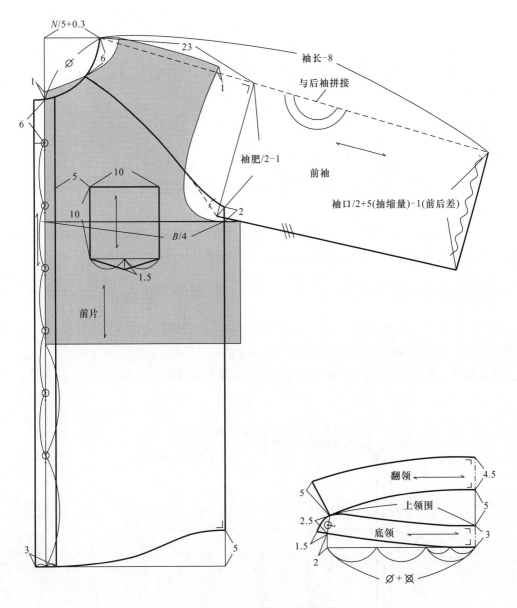

图7-19　前片及领子结构制图

因为后袖中线抬高1cm，前袖中线下降1cm后，袖中线前移，方便手臂往前运动。

二、样板制作

（一）复制样片

想一想： 样片有哪些，一共有几片？

（1）前身：前片。

（2）后身：后片、后育克。

（3）袖子：袖片。

（4）零部件：底领、翻领、贴襟、袖头、前袋。

共有9片。

（二）检查样片

想一想：需要检查的部位有哪些？

（1）长度检查：主要检查前、后侧缝；前、后领圈与装领线；前、后袖缝等，如图7-20所示。

（2）拼合检查：主要检查前、后领圈；前、后底边；前、后袖窿底；前袖山底与前袖窿底；后袖山底与后袖窿底；前领圈与装领线等，如图7-20所示。

（三）制作净样板

前后片和零部件面料净样板制作，如图7-21所示，将检验后的样片进行复制，作为针织拼接格子七分插肩袖衬衫的面料净样板。

重点提示：各部件采用的面料要标注清楚，后育克采用45°角斜纱。

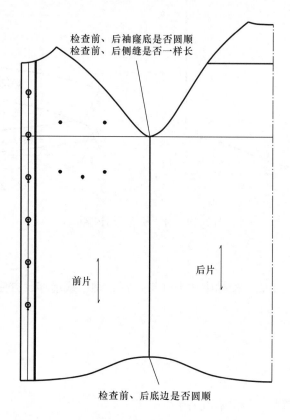

检查前、后袖窿底是否圆顺
检查前、后侧缝是否一样长

前片

后片

检查前、后底边是否圆顺

图7-20

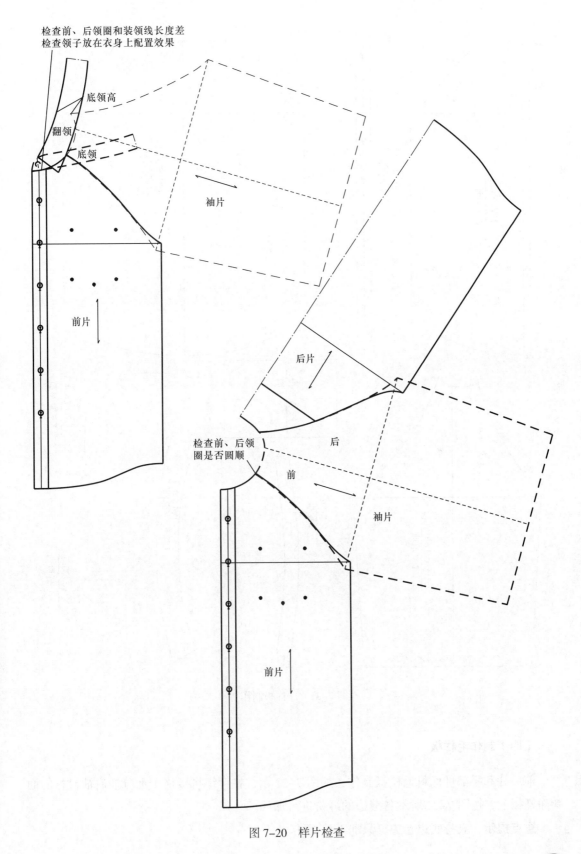

检查前、后领圈和装领线长度差
检查领子放在衣身上配置效果

底领高

翻领

底领

袖片

前片

后片

后

前

检查前、后领
圈是否圆顺

袖片

前片

图 7-20　样片检查

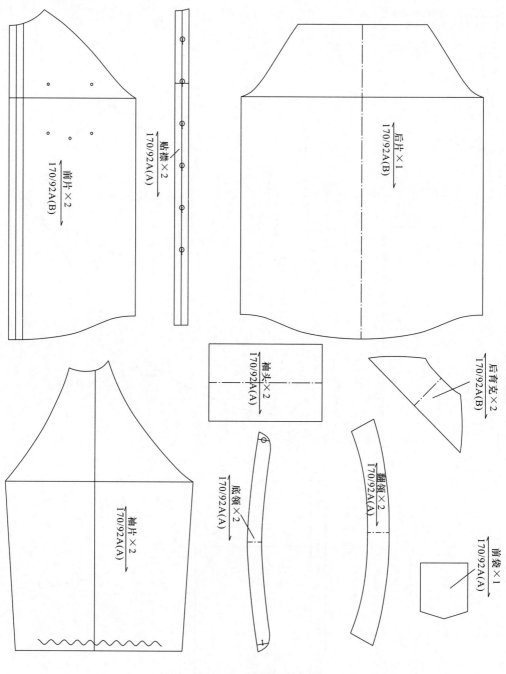

图 7-21　净样板制作

（四）制作毛样板

前后片和零部件面料毛样板制作，如图 7-22 示，在针织拼接格子七分插肩袖衬衫的面料净样板上，按图 7-22 所示各缝边的缝份进行加放。

重点提示：衣身底边卷边缝只加 1cm 缝份。

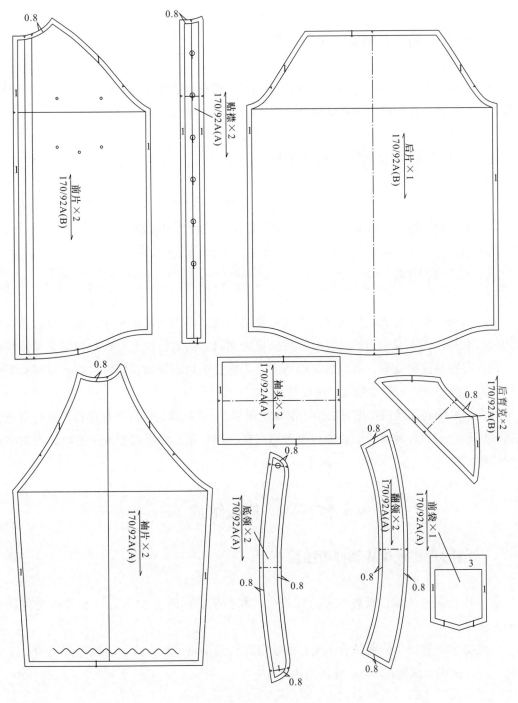

图 7-22 毛样板制作

流程三 样板检验

针织拼接格子七分插肩袖衬衫款式样衣常见弊病和样板修正方法有以下内容。

一、肩头至领口起褶皱，袖口起吊

肩头至领口起褶皱，袖口起吊，原因是插肩袖的袖中线斜度太大，肩头向上拉扯起褶皱。调整方法是将插肩袖的袖中线斜度调小。

二、领口至腋下起褶皱，袖口不平

领口至腋下起褶皱，袖口不平，原因是插肩袖的袖中线斜度太小，肩部余量垂坠至腋下产生褶皱，袖口被牵扯而不平，调整方法是将插肩袖的袖中线斜度调大。

三、袖下起褶皱

一般插肩袖袖下与衣身袖窿交叉弧线曲度要一致，但因为该款式插肩袖采用的是有弹性的针织面料，而衣身采用的是没有弹性的机织面料，插肩袖袖下与衣身袖窿交叉弧线曲度一样，会容易拉伸变形，拼缝后易起褶皱。调整方法是根据面料弹性，将插肩袖袖下交叉弧线曲度调小一点，弹性越大，曲度越小。

其他常见弊病和样板修正方法参照本模块项目二，样板修正以后要对样板再进行复核，包括长度检查、拼合检查，加放即将投产原材料的回缩量，注意根据两种面料的回缩率调整对应的样板。

—— 流程四　样板缩放 ——

一、前后片和领片基础样板缩放

前后片和领片基础样板各放码点计算公式和数值，如图 7-23 所示（括号内为放码点数值）。

重点提示：前后片分别以前中线和前袖窿深线的交点、后中线和后袖窿深线的交点为坐标原点，胸围、摆围按 1/4 的比例缩放。

二、袖片、袖头、前袋及贴襟基础样板缩放

袖片、袖头、前袋及贴襟基础样板各放码点计算公式和数值，如图 7-24 所示（括号内为放码点数值）。

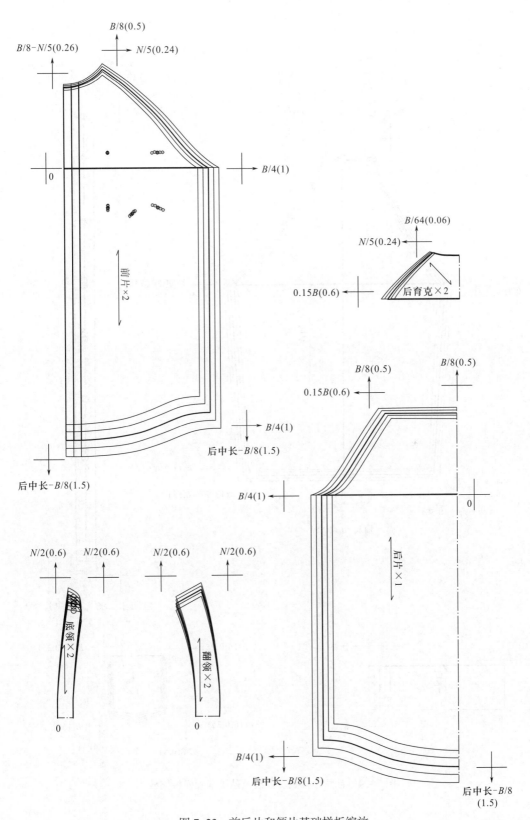

图 7-23　前后片和领片基础样板缩放

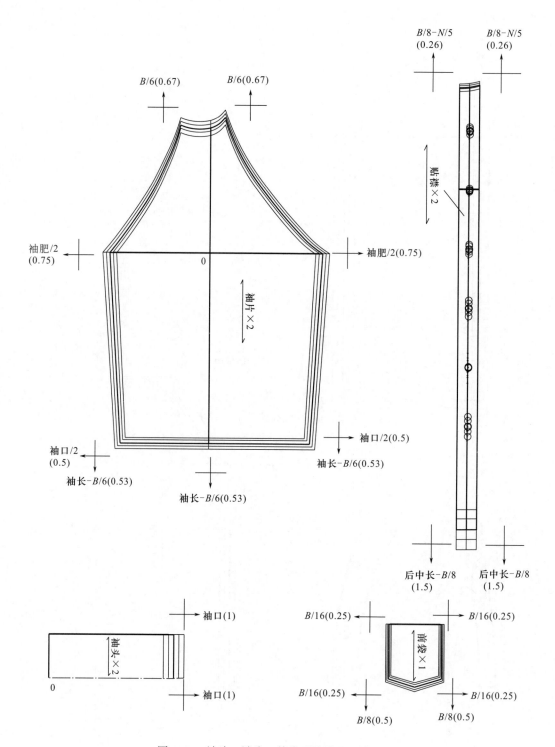

图 7-24 袖片、袖头、前袋及贴襟基础样板缩放

项目四 撞色边平驳领呢料便西服

━━ 流程一 服装分析 ━━

试一试：请认真观察表 7-7 所示的效果图，从以下几个方面对撞色边平驳领呢料便西服进行分析。

一、款式图分析（样衣分析）

（一）款式分析

1. 整体款式特点
2. 领子特点
3. 袖子特点
4. 口袋特点

（二）材料分析

1. 面料分析
2. 辅料分析

（三）工艺分析

1. 整体工艺处理方式
2. 领子工艺处理方式
3. 腰省工艺处理方式

二、尺寸规格设计

试一试：请自己先对该款式设计尺寸规格表，然后对照表 7-8 的尺寸规格表，分析主要部位尺寸设置的特点。

该款式为韩版西服，较短小收腰合体，围度和长度尺寸均比普通西服小，胸围只加放 10cm，衣长较短，中间板采用 L 号，即 170/92A 的尺寸规格。

表7-7　撞色边平驳领呢料便西服产品设计订单（一）

编号	NZ-704	品名	撞色边平驳领呢料便西服	季节	秋冬季

效果图

正视图

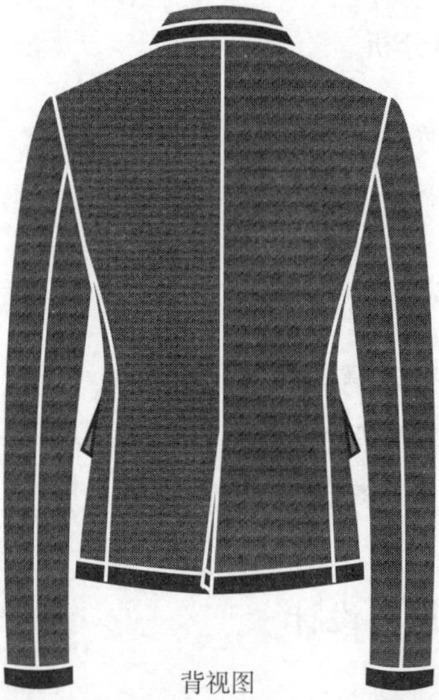

背视图

面料A　　面料B　　里料

表7-8　撞色边平驳领呢料便西服产品设计订单（二）

编号	NZ-704	品名	撞色边平驳领呢料便西服		季节	秋冬季
尺寸规格表（单位：cm）						

号型 部位	S	M	L	XL	XXL
后中长	66	68	70	72	74
胸围	94	98	102	106	110
腰围	81	85	89	93	97
肩宽	42	43.5	45	46.5	48
袖长	62	63	64	65	66
袖口	25	26	27	28	29
后领座高a	2.5	2.5	2.5	2.5	2.5
后领中宽b	5.5	5.5	5.5	5.5	5.5

款式说明

1. 整体款式特点：衣身为收腰合体型，长度到臀围线上，三开身，单排1粒纽扣，倒V形圆底边，前片与侧片拼接处收腋下省，衣身腰节处收省，背中吸腰收省，从腰节下开衩至底边
2. 领子特点：平驳领，翻领、驳头至底边镶边
3. 袖子特点：两片袖，袖口镶边
4. 口袋特点：前片左胸一个手巾袋，左右腰下各一个带袋盖双嵌线口袋

材料说明

1. 面料说明：衣身主要采用深灰蓝毛呢面料，镶边采用深灰色毛呢面料
2. 辅料说明：涤纶里料，翻领里、袋盖里、袋布采用里料，里襟钉1粒纽扣，大小为直径2cm，大身、挂面、后领贴、袋口、开衩、袖口、底边、前后袖窿、镶边等处贴衬

工艺说明

1. 衣身、袖子做全里，袋盖做里
2. 翻领里用斜料，不做镶边，翻领面与驳头分别做镶边后装配
3. 腹省设置在开袋位，剪开合并，使用黏合衬以后再开口袋

━━ 流程二　服装制板 ━━

一、结构制图

试一试：请采用 L 号，即 170/92A 男上装原型进行结构制图（灰色部分为原型）。
注意先绘制后片，再绘制前片，前后片和袖片结构制图如图 7-25、图 7-26 所示。

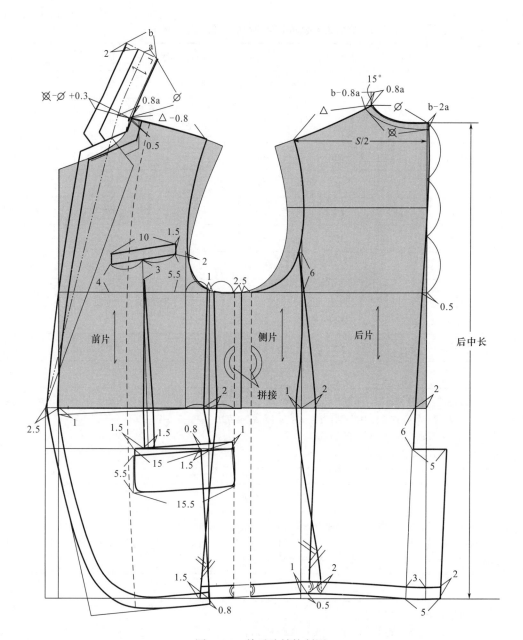

图 7-25　前后片结构制图

制图关键：

（1）男上装原型基础上确定撞色边平驳领呢料便西服前后片基础线：在衣身原型基础上从侧缝分别内收 2.5cm，为前后片新侧缝线，然后在此基础上绘制前后片，如图 7-25 所示，前横开领暗含撇胸。

（2）腹省绘制：前片大袋位在侧缝线处向下量 0.8cm 腹省量，侧缝线在底边处向下延长 0.8cm，与侧片等长，如图 7-25 所示。

（3）侧片绘制：侧片因内收，位于内收的前胸宽和背宽之间，制图时分开成两片，完成后要进行拼接，如图7-26所示。

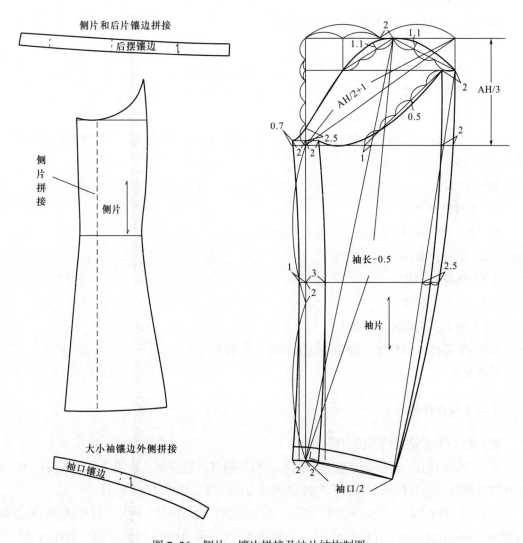

图7-26　侧片、镶边拼接及袖片结构制图

（4）镶边绘制：镶边为2cm宽，侧片和后片镶边、大小袖镶边可分别拼接成一片，如图7-26所示。

（5）领子绘制：领子在衣身上绘制，后领座 a 为2.5cm，后领中高 b 为5.5cm，翻驳点位于腰节线处，基点从肩斜线延长0.8a=2cm，连接翻驳点至基点并延长为驳口线，根据款式图绘制前身驳头和翻领，然后按驳口线对称翻转绘制。

二、样板制作

（一）复制样片

1. 复制面料样片

想一想：面料样片有哪些，一共有几片？

（1）前身：前片。

（2）侧身：侧片。

（3）后身：后片。

（4）袖子：大袖片、小袖片。

（5）零部件：翻领面、挂面、前片镶边、后摆镶边、袖口镶边、翻领镶边、手巾袋、袋盖面、袋嵌。

共有 14 片。

2. 复制里料样片

想一想：里料样片有哪些，一共有几片？

（1）前身：前片。

（2）侧身：侧片。

（3）后身：后片。

（4）袖子：大袖片、小袖片。

（5）零部件：翻领里、袋盖里、前袋布、大袋布。

共有 9 片。

（二）检查样片

想一想：需要检查的部位有哪些？

（1）长度检查：主要检查前片、侧片、后片侧缝；检查前、后领圈与装领线；大、小袖片内外侧缝；前后片小肩长；衣片袖窿和袖山弧线等，如图 7-27 所示。

（2）拼合检查：主要检查前片、侧片、后片底边；检查前片、侧片、后片袖窿；检查前、后领圈；小袖山底与前、后袖窿底；大、小袖袖底；大、小袖袖山；大、小袖片内外侧袖口等，如图 7-27 所示。

（三）制作净样板

1. 制作面料净样板

面料净样板制作如图 7-28 所示，将检验后的样片进行复制，作为撞色边平驳领呢料便西服的面料净样板。

重点提示：各样板采用的面料要标注清楚，部分镶边里外都有。

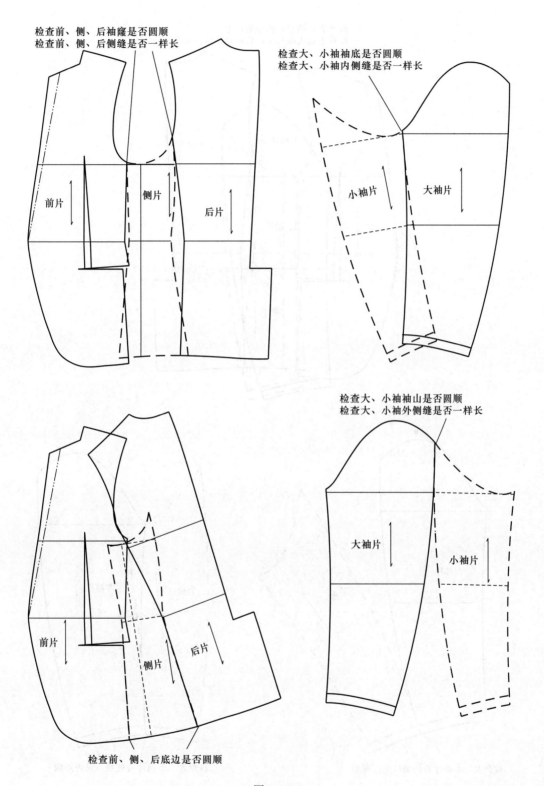

检查前、侧、后袖窿是否圆顺
检查前、侧、后侧缝是否一样长

检查大、小袖袖底是否圆顺
检查大、小袖内侧缝是否一样长

前片

侧片

后片

小袖片

大袖片

检查前、侧、后底边是否圆顺

检查大、小袖袖山是否圆顺
检查大、小袖外侧缝是否一样长

前片

侧片

后片

大袖片

小袖片

图 7-27

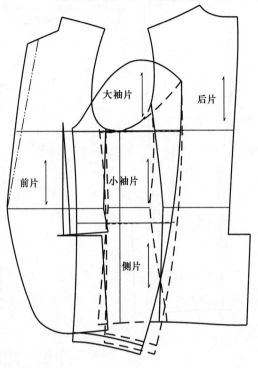

检查衣片袖窿和袖山的对刀
检查小袖山底与前、后袖窿底是否吻合

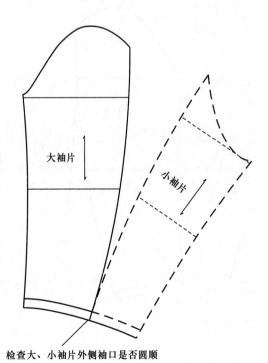

检查大、小袖片外侧袖口是否圆顺　　　　　检查大、小袖片内侧袖口是否圆顺

图 7-27　样片检查

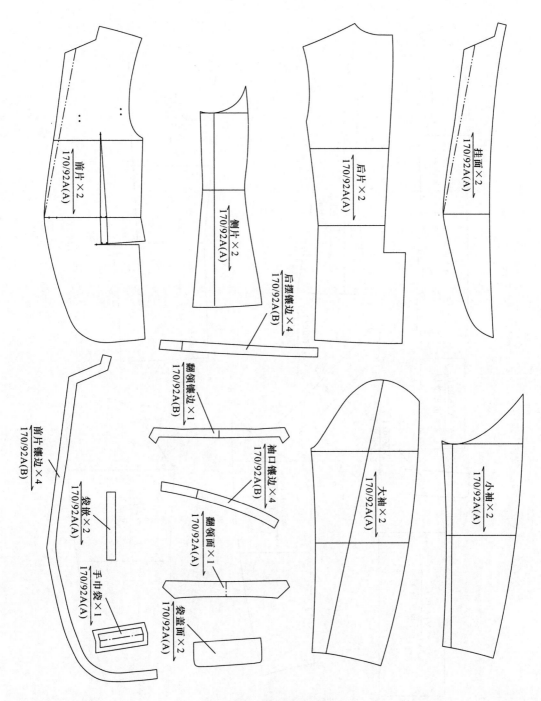

前片×2
170/92A(A)

侧片×2
170/92A(A)

后片×2
170/92A(A)

挂面×2
170/92A(A)

后摆镶边×4
170/92A(B)

翻领镶边×1
170/92A(B)

前片镶边×4
170/92A(B)

袋嵌×2
170/92A(A)

袖口镶边×4
170/92A(B)

大袖×2
170/92A(A)

小袖×2
170/92A(A)

翻领面×1
170/92A(A)

手巾袋×1
170/92A(A)

袋盖面×2
170/92A(A)

图 7-28　面料净样板制作

2. 制作里料净样板

里料净样板制作如图 7-29 所示，将检验后的样片进行复制，作为撞色边平驳领呢料便西服的里料净样板。

重点提示：前片里不设腰省和腹省，原衣身的腰省从前片侧缝收掉，腹省去掉后，原底边不再延伸，翻领里不做镶边，用斜料。

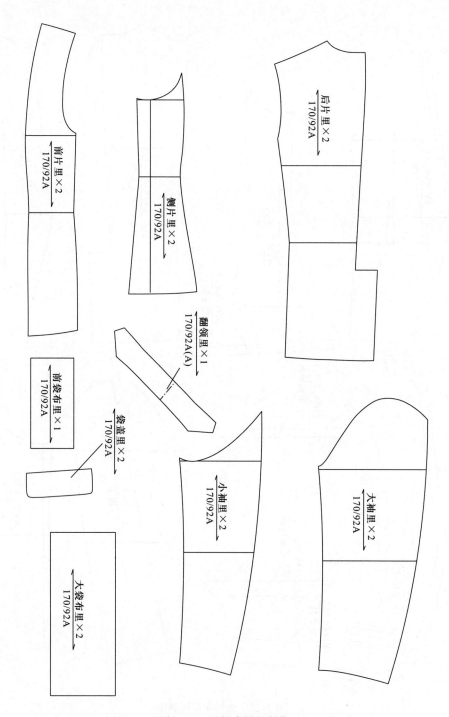

图 7-29 里料净样板制作

（四）制作毛样板

1. 制作面料毛样板

面料毛样板制作如图 7-30 示，在撞色边平驳领呢料便西服的面料净样板上，按

图 7-30 所示各缝边的缝份进行加放。

　　重点提示：衣身底边镶边只加 1cm 缝份。

　　2. **制作里料毛样板**

　　里料毛样板制作如图 7-31 示，在撞色边平驳领呢料便西服的里料净样板上，按图 7-31 所示各缝边的缝份进行加放。

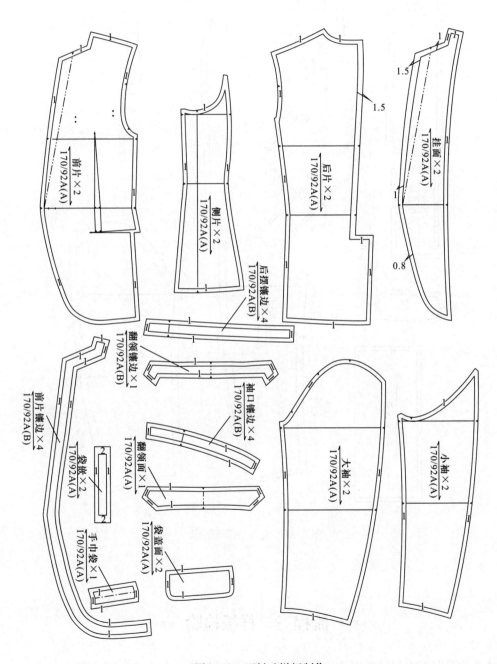

图 7-30　面料毛样板制作

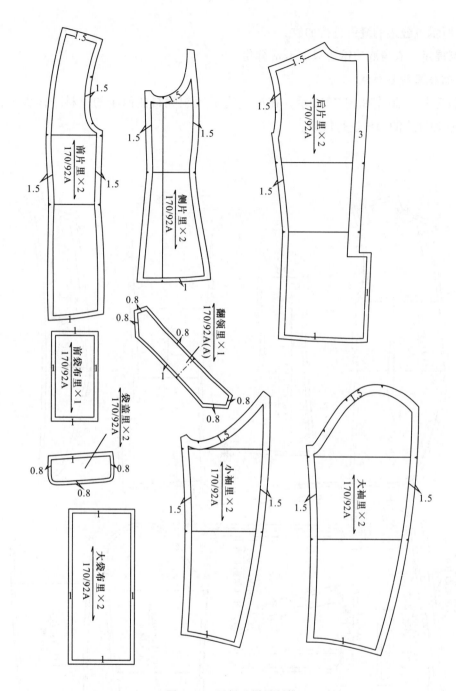

图 7-31　里料毛样板制作

流程三　样板检验

撞色边平驳领呢料便西服款式样衣常见弊病和样板修正方法有以下内容。

一、荡领

领不能贴近颈部，向四周荡开，原因是前后横开领过宽，后直开领过深，袖窿深过浅，翻领松度过大。调整方法是按比例适当调小前后横开领和后直开领，适当加大袖窿深，适当减小翻领松度。

二、领子紧夹脖颈

领翻驳线紧紧夹住脖颈，原因是横开领过小，后领深浅，驳口基点定量过大，调整方法是适当加大前后横开领和后领深，适当减小驳口基点定量。

三、爬领

后领翻折线抬高，翻领上升，使后领脚外露。原因是翻领松度小，前领翘势太高。调整方法是加大翻领松度，减小前领翘势。

四、驳口部位不平服

驳口部位离开前胸，不能平服地贴在胸部。原因是翻领松度过小，驳口基点距颈肩点过大，前领翘势太低，前后肩斜度过大。调整方法适当加大翻领松度，减小驳口基点量，抬高前领翘势，改小前后肩斜度，如图7-32（a）所示。

五、前胸后背有纵向褶纹

原因是前片胸宽过大，后片背宽过宽。调整方法是适当减小前后胸背宽。

六、腋下不平服

腋下部分出现链纹，原因是前后袖窿深过浅，调整方法是适当加深前后袖窿深，相应调整大小袖片袖山弧线长。

七、后领窝起涌

后领窝附近出现横向褶纹，原因是后领深过浅，后肩太窄，后肩斜度过大，调整方法是适当加深后直开领，加大后肩宽，将后肩斜度调小。

八、后背不平服

后背袖窿深处下沉不平挺，原因是前后肩斜度过小，袖窿深以上部位过长，调整方法是加大前后肩斜度，适当减小后片袖窿长。

九、袖山瘪落

原因是袖山吃势量不够，袖山吃势量分配不当，调整方法是适当调整袖山高和袖肥，增大袖山吃势量，重新分配吃势量。

十、袖山上部绷紧

抬臂时，袖山上部位勒紧，活动不便，原因是袖山高太高，袖山上部宽度过窄，调整方法是降低袖山高，将袖山弧线画得饱满，如图 7-32 所示。

样板修正以后要对样板再进行复核，包括长度检查、拼合检查，加放即将投产原材料的回缩量，注意根据三种材料的回缩率调整对应的样板。

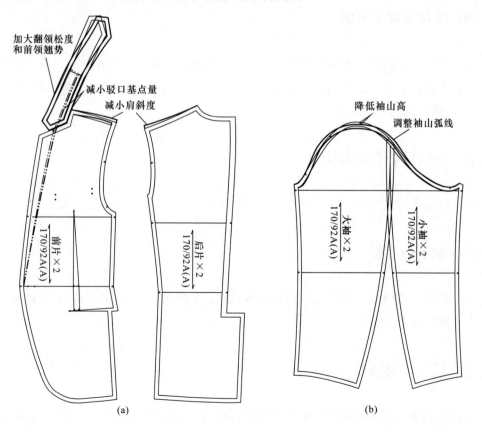

图 7-32　样片修正

流程四 样板缩放

一、前片及前片镶边基础样板缩放

前片及前片镶边基础样板各放码点计算公式和数值，如图 7-33 所示（括号内为放码点数值）。

重点提示： 前后片分别以前中线和前袖窿深线的交点、后中线和后袖窿深线的交点为坐标原点，因为三开身，胸围、摆围按 1/6 左右的比例缩放。

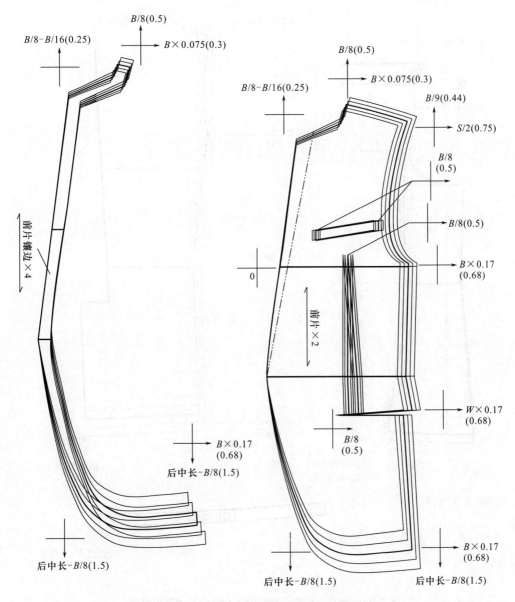

图 7-33 前片及前片镶边基础样板缩放

（一）侧片、后片、后片镶边和领片基础样板缩放

侧片、后片、后片镶边和领片基础样板各放码点计算公式和数值，如图 7-34 所示（括号内为放码点数值）。

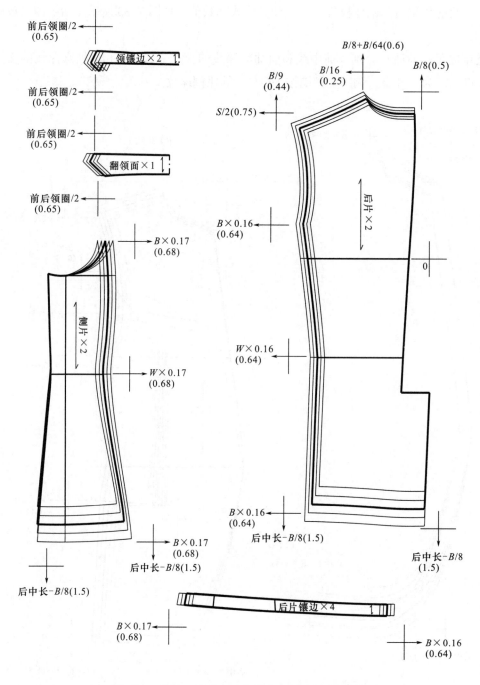

图 7-34　侧片、后片、后片镶边和领片基础样板缩放

（二）大袖、小袖、袖口镶边及零部件基础样板缩放

大袖、小袖、袖口镶边及零部件基础样板各放码点计算公式和数值，如图7-35所示（括号内为放码点数值）。

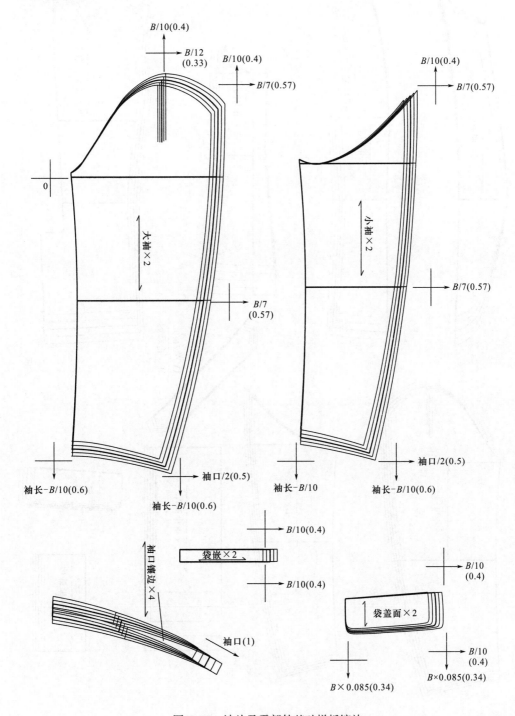

图7-35　袖片及零部件基础样板缩放

二、挂面和里料系列样板（图7-36）

重点提示： 挂面和里料系列样板是在前后面料基础样板缩放基础上取出得到的。

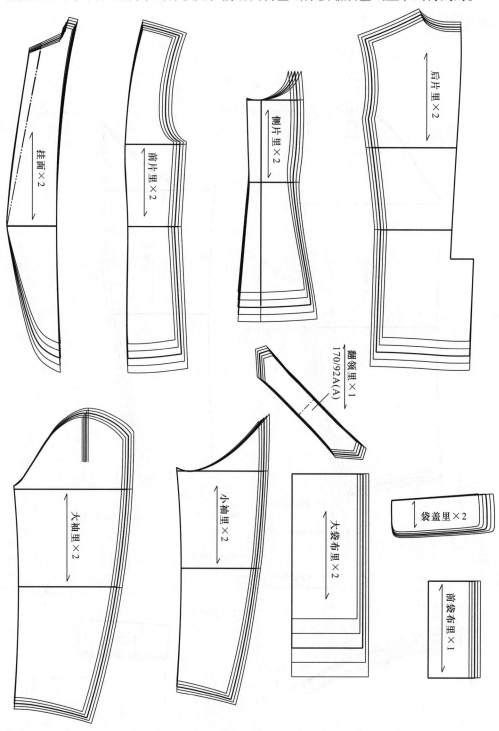

图 7-36　挂面和里料系列样板

项目五　PU皮革拼接假两件连帽卫衣

━━ 流程一　服装分析 ━━

试一试：请认真观察表7-9所示的效果图，从以下几个方面对PU皮革拼接假两件连帽卫衣进行分析。

一、款式图分析（样衣分析）

（一）款式分析

1. 整体款式特点
2. 领子特点
3. 袖子特点
4. 开口特点
5. 口袋特点

（二）材料分析

1. 面料分析
2. 辅料分析

想一想：PU皮革有什么特点？

PU皮革具有质轻、防水、吸水不易膨胀变形特点，表面比较光亮，定型效果好，不缩水，不用锁边，但不能高温或直接熨烫，否则容易变硬、变脆。

（三）工艺分析

1. 整体工艺处理方式
2. 前中开口工艺处理方式
3. 假两件接缝工艺处理方式

二、尺寸规格设计

试一试：请自己先对该款式设计尺寸规格表，然后对照表7-10的尺寸规格表，分析主要部位尺寸设置的特点。

表7-9　PU皮革拼接假两件连帽卫衣产品设计订单（一）

编号	NZ-705	品名	PU皮革拼接假两件连帽卫衣	季节	秋冬季

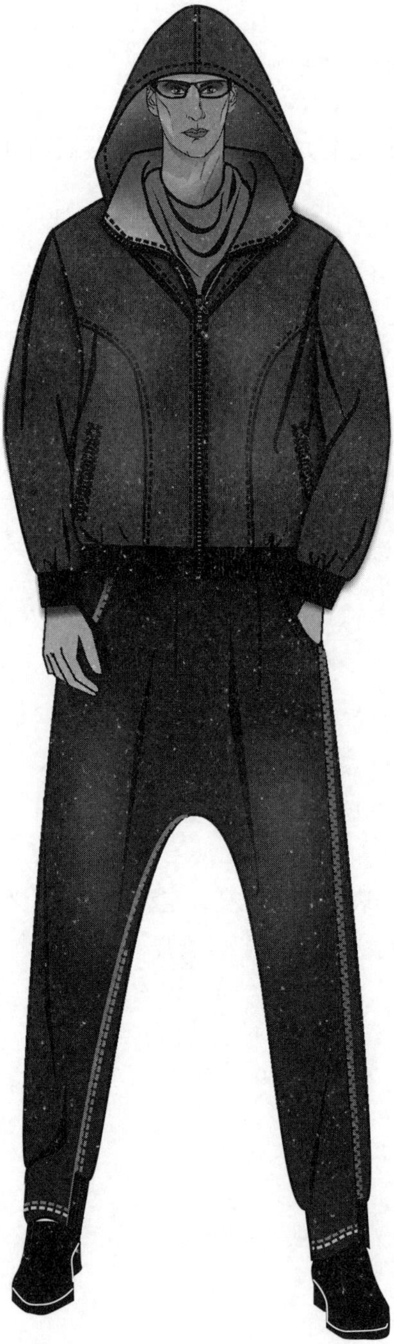

正视图

背视图

效果图

面料A　　　面料B 　　　面料C 　　　里料

表7-10　PU皮革拼接假两件连帽卫衣产品设计订单（二）

编号	NZ-705	品名	PU皮革拼接假两件连帽卫衣		季节	秋冬季
尺寸规格表（单位：cm）						

部位 ＼ 号型	S	M	L	XL	XXL
后中长	64.5	66.5	68.5	70.5	72.5
胸围	103	107	111	115	119
摆围(罗纹)	84	88	92	96	100
肩宽	45	46.5	48	49.5	51
袖窿深	21.9	22.7	23.5	24.3	25.1
袖长(含罗纹高)	63	64	65	66	67
袖口(罗纹)	19	20	21	22	23
袖肥	38	39.5	41	42.5	44
领围（外）	52	53.5	55	56.5	58
帽宽	27	27.3	27.6	27.9	28.2
帽边围	62	63	64	65	66
罗纹高	6.5	6.5	6.5	6.5	6.5

款式说明

　　1. 整体款式特点：衣身呈上宽下窄V型，四开身，长度到臀围线以上，接罗纹底边，前片从袖窿分割至底边，左右各一个拉链袋，后片育克分割，从袖窿分割至底边

　　2. 领子特点：内为可立翻的两用领，外为两片式连帽领

　　3. 袖子特点：一片袖，袖口接罗纹口

　　4. 开口特点：内外前中均开口装明拉链，内门襟夹缝在外衣片挂面

　　5. 口袋特点：外前片开挖斜口袋，装明拉链，袋口四周绲压0.15cm宽明线，内衣身前片内里靠门襟处装一贴袋

材料说明

　　1. 面料说明：外衣身、外挂面和帽面采用深灰卫衣面料A，内层衣身、内挂面、内领、内口袋和帽里采用PU皮革面料B，袖口和底边采用罗纹C

　　2. 辅料说明：衣身和袖子采用涤纶里料，外门襟5号长拉链一条，内门襟5号长拉链一条，口袋短拉链两条，前袋布用里料

工艺说明

　　1. 衣身、袖子做全里

　　2. 内外前中均开口装明拉链，绲压0.5cm宽明线

　　3. 内衣身与外衣身挂面裁制一样，缝装一起，内衣身的挂面则与内里合，内前中部分可开合

　　该款式上宽下窄，肩、胸尺寸加放量较大，底边较小，衣长较短，中间板采用L号，即170/92A的尺寸规格。

━ 流程二　服装制板 ━

一、结构制图

试一试：请采用 L 号，即 170/92A 男上装原型进行结构制图（灰色部分为原型）。注意先绘制后片，再绘制前片。

（一）前后片结构制图（图 7-37）

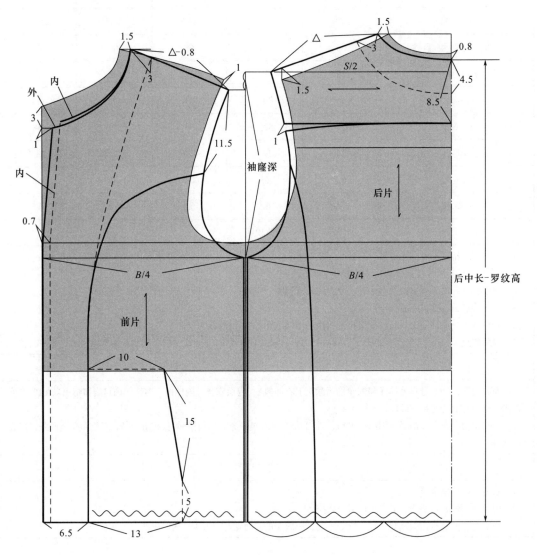

图 7-37　前后片结构制图

制图关键：

（1）男上装原型基础上确定 PU 皮革拼接假两件连帽卫衣前后片基础线：在男上装原型基础上设置 PU 皮革拼接假两件连帽卫衣前后侧缝线，前中开口装拉链需留出拉链宽度位置，但因内外衣片多层重叠，前中要加重叠厚度量，所以这里外片前中不预留拉链位置，内片前中往内收 0.7cm，前横开领撇胸 1cm，然后在此基础上绘制前后片，注意前后横开领和直开领加放后的领圈长度要等于外领围尺寸。

（2）内前片绘制：内前片的内侧与外前片的挂面位置一样。

（3）口袋绘制：袋布宽度尽量不超过挂面位置，以免影响前中的平整性。

（二）袖片及零部件结构制图（图 7-38）

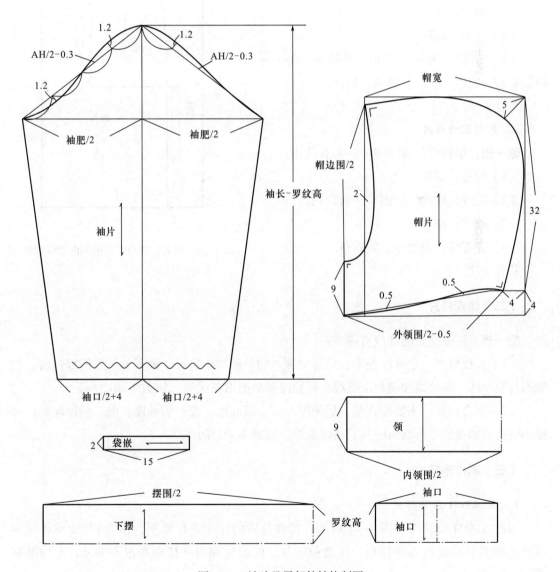

图 7-38　袖片及零部件结构制图

（三）内衣片挂面、内里和内袋结构制图（图7-39）

二、样板制作

（一）复制样片

1. 复制面料样片

想一想：面料样片有哪些，一共有几片？

（1）前身：前中片、前侧片、内衣片。

（2）后身：后中片、后侧片、后育克。

（3）袖子：袖片。

（4）领子：领片。

（5）零部件：帽面、帽里、外挂面、内挂面、后领贴边、底边、袖口、内袋、袋嵌。

共有 17 片。

2. 复制里料样片

想一想：里料样片有哪些，一共有几片？

（1）前身：前片。

（2）后身：后片、后侧片、后育克。

（3）袖子：袖片。

（4）零部件：袋前布、袋后布。

共有 7 片。

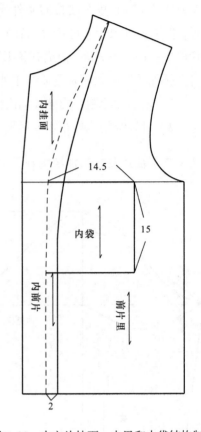

图7-39 内衣片挂面、内里和内袋结构制图

（二）检查样片

想一想：需要检查的部位有哪些？

（1）长度检查：主要检查前、后片侧缝；前、后片小肩长；袖子前、后侧缝；前、后领圈与装领线；前袖窿和前袖山弧线；后袖窿和后袖山弧线等，如图7-40所示。

（2）拼合检查：主要检查前、后领圈；前、后底边；前、后袖窿；前、后袖窿底；前袖山底与前袖窿底；后袖山底与后袖窿底等，如图7-40所示。

（三）制作净样板

1. 制作面料A净样板

面料A净样板制作如图7-41所示，将检验后的样片进行复制，作为PU皮革拼接假两件连帽卫衣的面料A净样板，注意前中片、内前片和内外挂面底边不抽缩，不做抽缩标记。

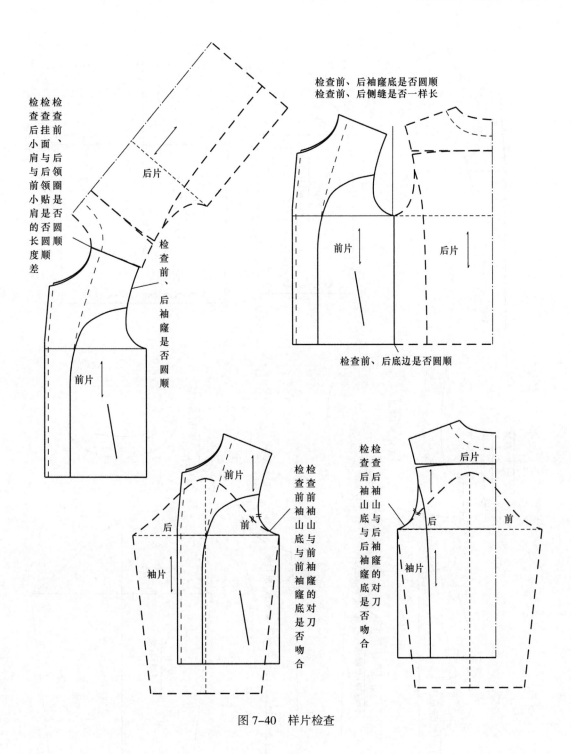

图 7-40 样片检查

2. 制作面料 B 净样板

面料 B 净样板制作如图 7-42 所示，将检验后的样片进行复制，作为 PU 皮革拼接假两件连帽卫衣的面料 B 净样板。

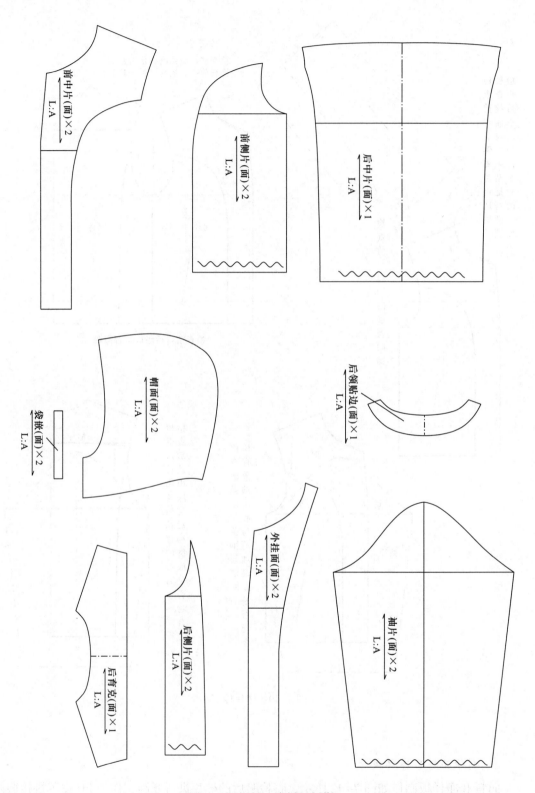

图 7-41　面料 A 净样板制作

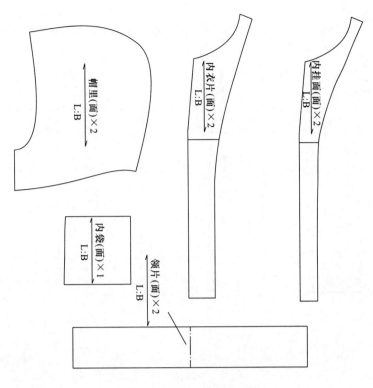

图 7-42 面料 B 净样板制作

3. 制作面料 C 净样板

面料 C 净样板制作如图 7-43 所示，将检验后的样片进行复制，作为 PU 皮革拼接假两件连帽卫衣的面料 C 净样板。

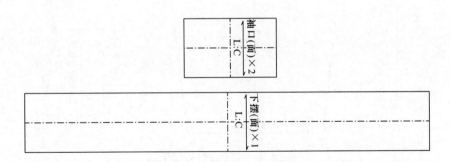

图 7-43 面料 C 净样板制作

4. 制作里料净样板

里料净样板制作如图 7-44 所示，将检验后的样片进行复制，作为 PU 皮革拼接假两件连帽卫衣的里料净样板。

重点提示： 后育克里用面料太厚，所以也用里料。

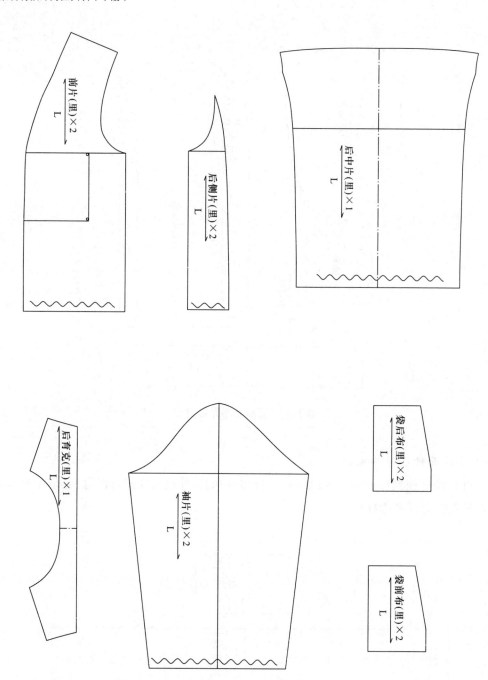

图7-44　里料净样板制作

（四）制作毛样板

1. 制作面料A毛样板

面料A毛样板制作如图7-45所示，在PU皮革拼接假两件连帽卫衣的面料A净样板上，按图7-45所示各缝边的缝份进行加放。

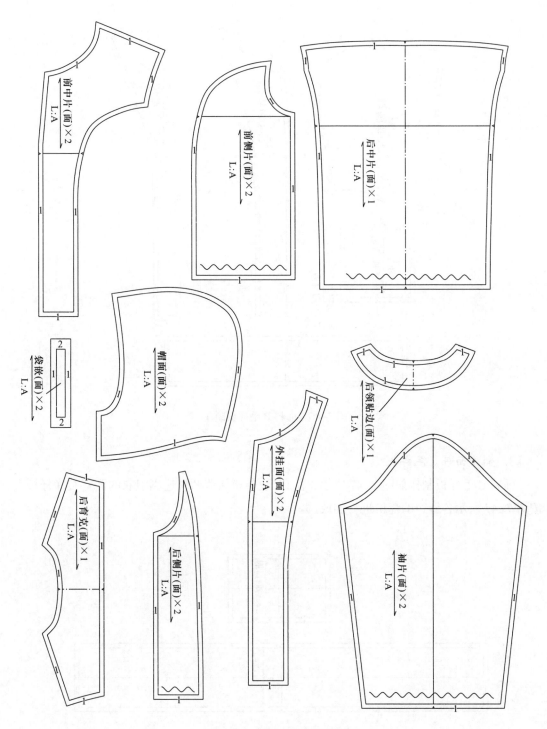

图 7-45　面料 A 毛样板制作

2. 制作面料 B 毛样板

面料 B 毛样板制作如图 7-46 所示，在 PU 皮革拼接假两件连帽卫衣的面料 B 净样板上，按图 7-46 所示各缝边的缝份进行加放。

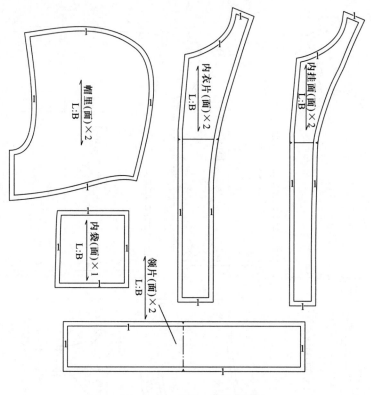

图 7-46　面料 B 毛样板制作

3. 制作面料 C 毛样板

面料 C 毛样板制作如图 7-47 所示，在 PU 皮革拼接假两件连帽卫衣的面料 C 净样板上，按图 7-47 所示各缝边的缝份进行加放。

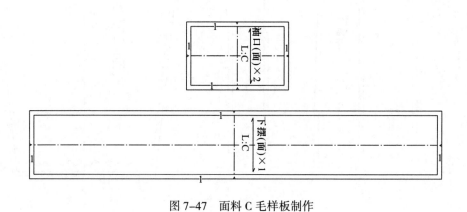

图 7-47　面料 C 毛样板制作

4. 制作里料毛样板

里料毛样板制作如图 7-48 所示，在 PU 皮革拼接假两件连帽卫衣的里料净样板上，按图 7-48 所示各缝边的缝份进行加放。

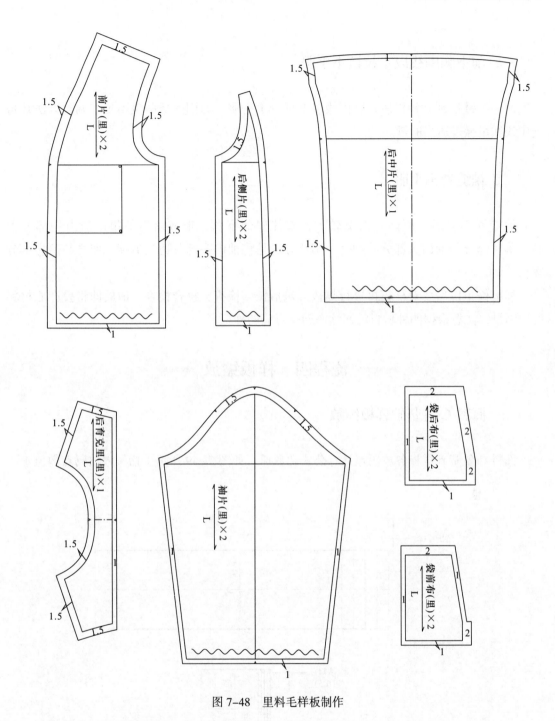

图 7-48 里料毛样板制作

重点提示：里料样板有些部位的缝份要 1.5cm。

流程三 样板检验

PU 皮革拼接假两件连帽卫衣款式样衣常见弊病和样板修正方法有以下内容。

一、前中胸围线以上拉链不平服

前中拉链拉到立领以后，胸围线以上部分不平服，原因是撇胸量不足。调整方法是将前中线往里撇进适当的量。

二、袖缝处不平服

袖缝处不平服，原因是肩宽较大，衣片肩部下落，形成落肩效果，袖山头部分太高，落肩部分与袖山头部分不吻合，调整方法是将袖山头部分适当剪掉，使之与落肩部分吻合。

样板修正以后要对样板再进行复核，包括长度检查、拼合检查，加放即将投产原材料的回缩量，注意根据四种材料的回缩率调整对应的样板。

▬ 流程四　样板缩放 ▬

一、面料 C 各基础样板缩放

面料 C 各基础样板各放码点计算公式和数值，如图 7-49 所示（括号内放码点数值）。

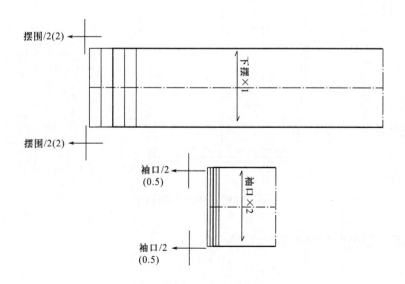

图 7-49　面料 C 各基础样板缩放

二、面料 A 各基础样板缩放

（一）前片、侧片、挂面基础样板缩放

前片、侧片、挂面基础样板各放码点计算公式和数值，如图 7-50 所示（括号内为放码点数值）。

重点提示：前后片分别以前中线和前袖窿深线的交点、后中线和后袖窿深线的交点为坐标原点，因为四开身，胸围、摆围按 1/8 的比例缩放。

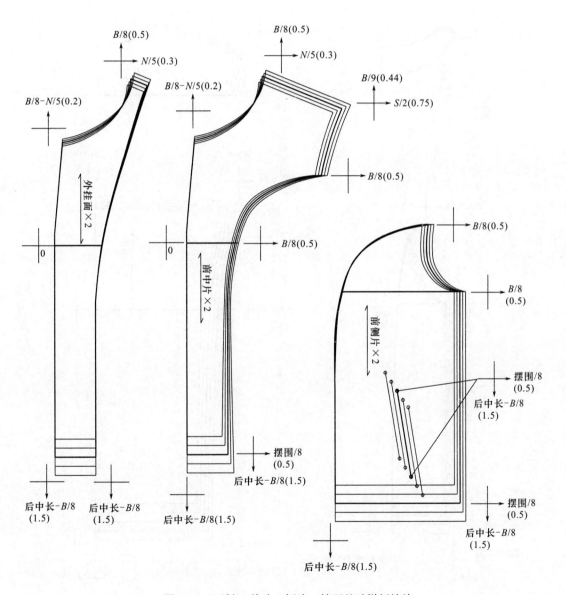

图 7-50　面料 A 前片、侧片、挂面基础样板缩放

（二）后片和后育克基础样板缩放

后片和后育克基础样板各放码点计算公式和数值，如图 7-51 所示（括号内为放码点数值）。

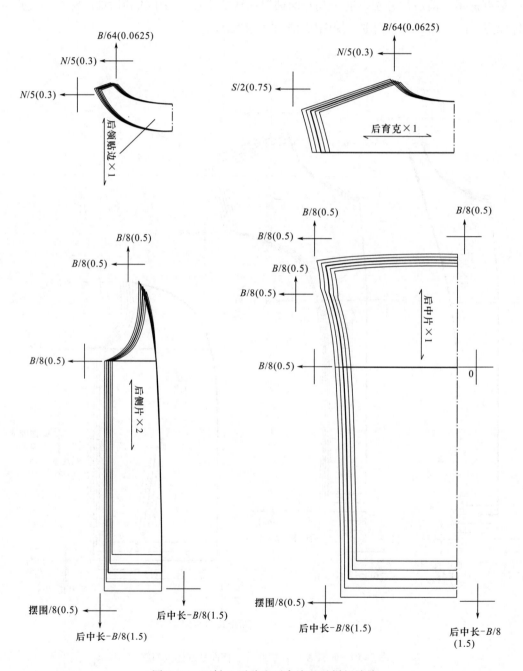

图 7-51　面料 A 后片和后育克基础样板缩放

（三）袖片、帽片、零部件基础样板缩放

袖片、帽片、零部件基础样板各放码点计算公式和数值，如图 7-52 所示（括号内为放码点数值）。

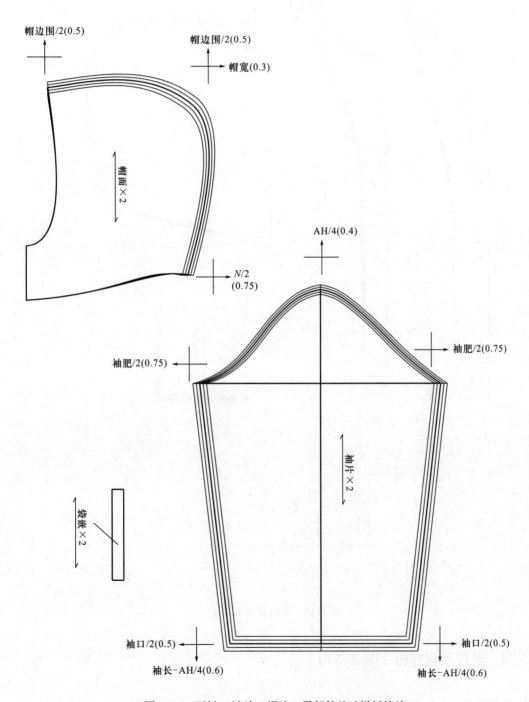

图 7-52　面料 A 袖片、帽片、零部件基础样板缩放

三、面料 B 系列样板（图 7-53）

重点提示：除领片和内袋以外，面料 B 系列样板是在面料 A 基础样板缩放基础上取出得到的。

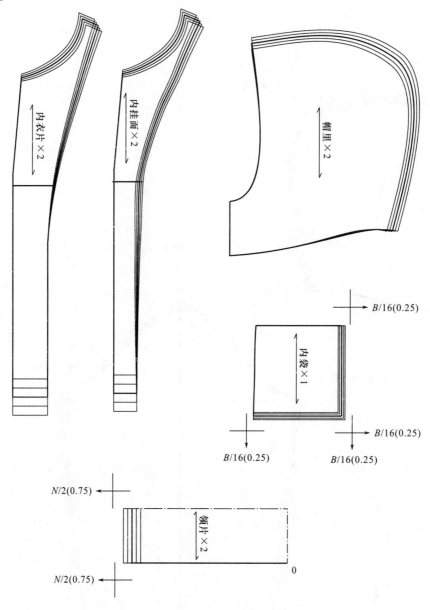

图 7-53　面料 B 系列样板

四、里料系列样板（图 7-54）

重点提示：里料系列样板是在面料 A 基础样板缩放基础上取出得到的。

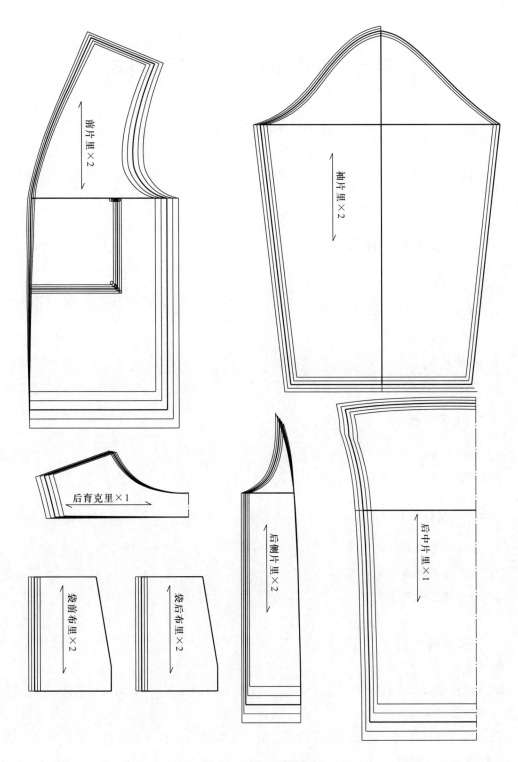

图 7-54　里料系列样板

项目六　双排扣分立式两用领斗篷

━━ 流程一　服装分析 ━━

试一试： 请认真观察表 7-11 所示的效果图，从以下几个方面对双排扣分立式两用领斗篷进行分析。

一、款式图分析（样衣分析）

（一）款式分析

1. 整体款式特点
2. 领子特点
3. 袖子特点
4. 口袋特点

（二）材料分析

1. 面料分析
2. 辅料分析

（三）工艺分析

1. 整体工艺处理方式
2. 口袋工艺处理方式
3. 袖口工艺处理方式

二、尺寸规格设计

试一试： 请自己先对该款式设计尺寸规格表，然后对照表 7-12 的尺寸规格表，分析主要部位尺寸设置的特点。

该款式为韩式斗篷，围度只设置摆围，衣长比普通西服、夹克长，中间板采用 L 号，即 170/92A 的尺寸规格。

表7-11　双排扣分立式两用领斗篷产品设计订单（一）

编号	NZ-706	品名	双排扣分立式两用领斗篷	季节	秋冬季

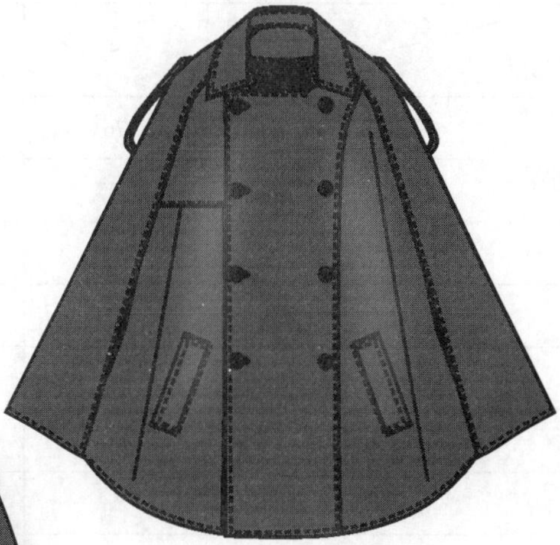

正视图

背视图

效果图

面料　里料

表7-12　双排扣分立式两用领斗篷产品设计订单（二）

编号	NZ-706	品名	双排扣分立式两用领斗篷		季节	秋冬季

尺寸规格表（单位：cm）						
号型 部位	S	M	L	XL	XXL
后中长	76	78	80	82	84
摆围	305	309	313	317	321
袖长	68.8	70.4	72	73.6	75.2
袋长	15	15.5	16	16.5	17
袋宽	4	4	4	4	4
后底领高	4	4	4	4	4
后翻领宽	6	6	6	6	6
前翻领宽	7	7	7	7	7

款式说明

1. 整体款式特点：衣身为喇叭型，长度到臀围线下，双排8粒纽扣，圆底边，前后6片分割，右前肩一育克片，两肩装肩襻钉纽扣
2. 领子特点：分立式两用领，前中门襟打开呈拿破仑领状，闭合为翻领状
3. 袖子特点：敞开式蝙蝠袖，袖口位于衣身接缝处
4. 口袋特点：左右腰下各一个斜向箱型口袋

材料说明

1. 面料说明：衣身主要采用深军色厚型棉面料
2. 辅料说明：涤纶里料，育克里、袋布采用里料，门襟8粒纽扣，1粒暗纽扣，大小直径为2cm，挂面、后领贴、袋口、袖口、底领、翻领等处使用黏合衬，袖中缝使用直纱牵条

工艺说明

1. 衣身做全里，育克做里
2. 前身腰下挖口袋，做袋口布，袋周压明线
3. 袖口位于前侧片与前袖片分割线破缝处，该处加使用直纱牵条，袋口两侧打枣线加固

流程二　服装制板

一、结构制图

试一试：请采用 L 号，即 170/92A 男上装原型进行结构制图（灰色部分为原型）。
注意先绘制后片，再绘制前片，前后片和零部件结构制图如图 7-55、图 7-56 所示。
制图关键：

（1）男上装原型基础上确定双排扣分立式两用领斗篷前后片基础线：在衣身原型基础

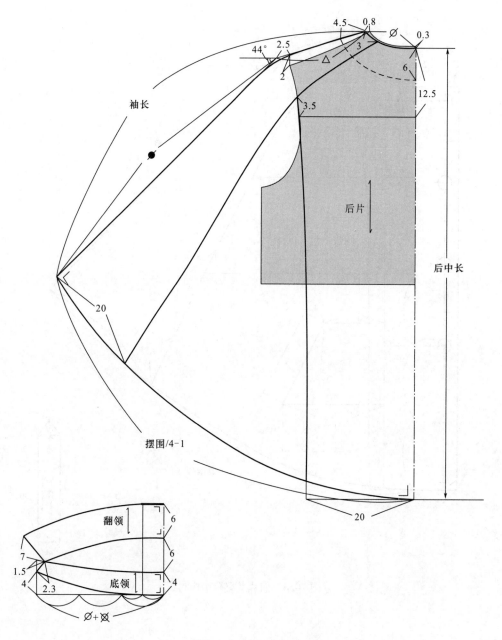

图 7-55 后片和领子结构制图

上确定双排扣分立式两用领斗篷前后横开领宽和领深，然后确定后中长，因斗篷穿在外套外面，不做撇胸。

（2）袖子绘制：从衣片肩端点的水平线作角度线为袖中线，后肩抬高，角度较小，前肩下落，角度较大，符合人体向前运动趋势，袖口在衣片和袖片接缝腰节线附近开口。

（3）口袋绘制：口袋位于腰节线下，袋布宽度不宜超过纽扣位置。

（4）领子绘制：领子不是贴合脖子的，翻领后起翘量较大。

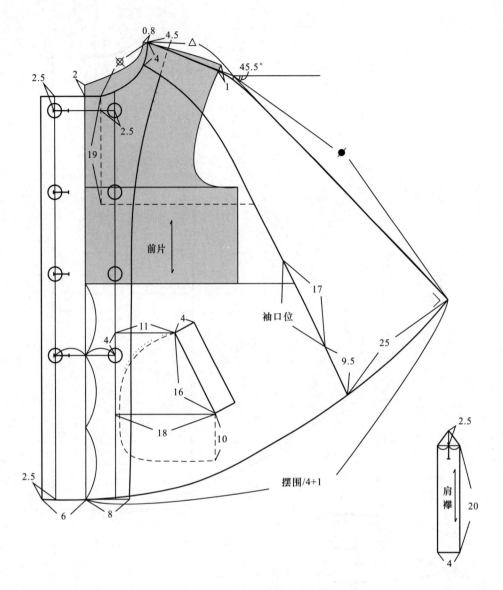

图 7-56　前片及肩襻结构制图

二、样板制作

（一）复制样片

1. 复制面料样片

想一想： 面料样片有哪些，一共有几片？

（1）前身：前中片、前侧片。

（2）后身：后中片、后侧片。

（3）袖子：前袖片、后袖片。

（4）领子：底领、翻领。

（5）零部件：育克、袋口布、肩襻、挂面、后领贴边。

共有 13 片。

2. 复制里料样片

想一想：里料样片有哪些，一共有几片？

（1）前身：前片。

（2）后身：后中片、后侧片。

（3）袖子：前袖片、后袖片。

（4）零部件：袋前布、袋后布、育克里。

共有 8 片。

（二）检查样片

想一想：需要检查的部位有哪些？

（1）长度检查：主要检查前、后袖中缝；前、后领圈与装领线等，如图 7-57 所示。

（2）拼合检查：主要检查前、后领圈；前、后底边；前领圈与装领线等，如图 7-57 所示。

（三）制作净样板

1. 制作面料净样板

面料净样板制作如图 7-58 所示，将检验后的样片进行复制，作为双排扣分立式两用领斗篷的面料净样板。

2. 制作里料净样板

里料净样板制作如图 7-59 所示，将检验后的样片进行复制，作为双排扣分立式两用领斗篷的里料净样板。

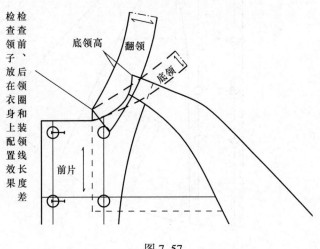

图 7-57

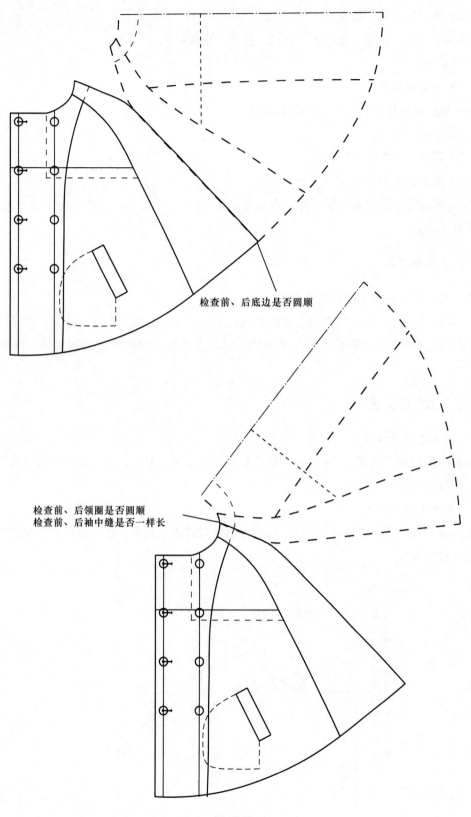

检查前、后底边是否圆顺

检查前、后领圈是否圆顺
检查前、后袖中缝是否一样长

图 7-57　样片检查

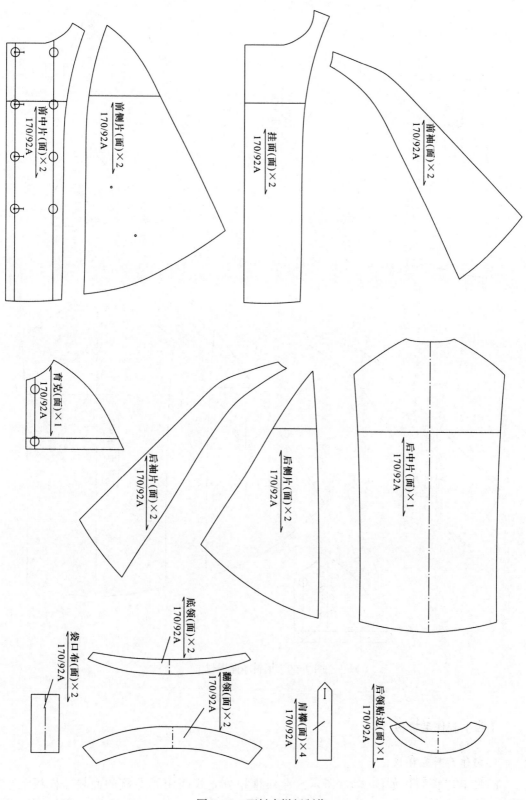

前中片(面)×2
170/92A

前侧片(面)×2
170/92A

挂面(面)×2
170/92A

前袖(面)×2
170/92A

育克(面)×1
170/92A

后袖片(面)×2
170/92A

后侧片(面)×2
170/92A

后中片(面)×1
170/92A

底领(面)×2
170/92A

袋口布(面)×2
170/92A

翻领(面)×2
170/92A

肩襻(面)×4
170/92A

后领贴边(面)×1
170/92A

图 7-58　面料净样板制作

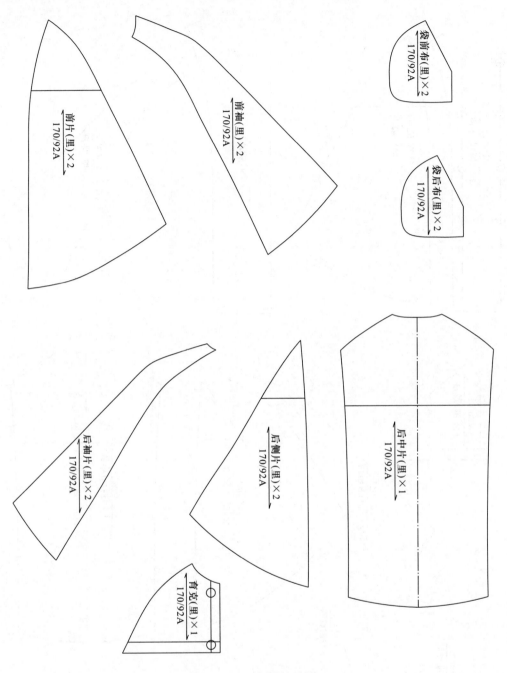

图 7-59　里料净样板制作

（四）制作毛样板

1. 制作面料毛样板

面料毛样板制作如图 7-60 所示，在双排扣分立式两用领斗篷的面料净样板上，按图 7-60 所示各缝边的缝份进行加放。

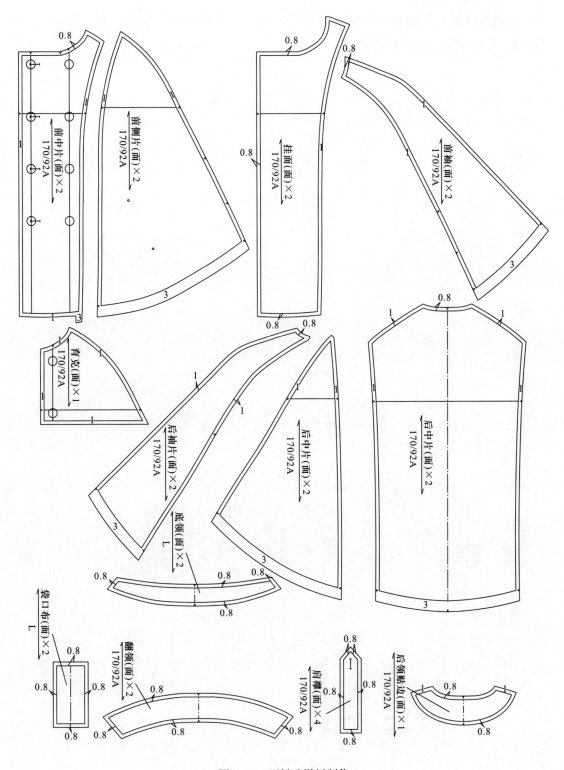

图 7-60　面料毛样板制作

2. 制作里料毛样板

里料毛样板制作如图 7-61 所示，在双排扣分立式两用领斗篷的里料净样板上，按图 7-61 所示各缝边的缝份进行加放。

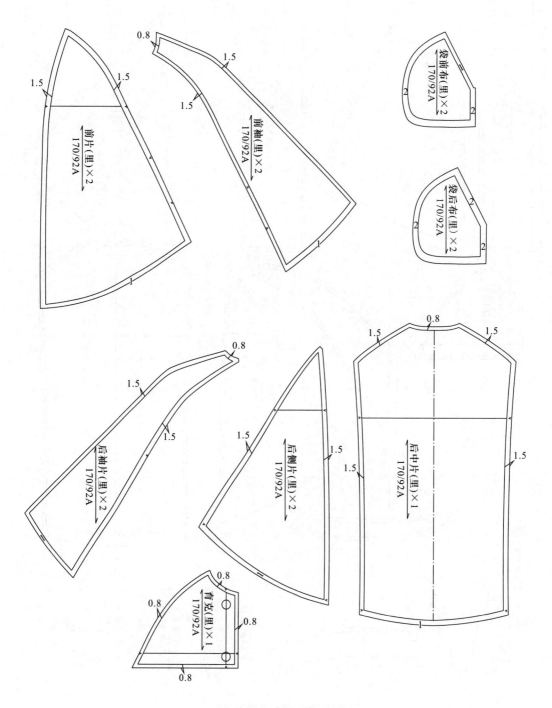

图 7-61　里料毛样板制作

流程三　样板检验

双排扣分立式两用领斗篷款式样衣常见弊病和样板修正方法有以下内容。

一、肩头鼓包

从肩到袖的转折部分不能自然下垂，会鼓起，原因是袖中夹角太大，肩袖转折凸势过大，调整方法是将袖中夹角调小，肩袖转折过渡平缓一点，如图7-62所示。

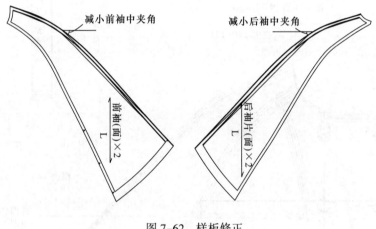

图7-62　样板修正

二、肩头至领口起褶皱，袖摆起吊

肩头至领口起褶皱，袖摆起吊，原因是袖中线斜度太小，肩部顶起，使得肩头至领口起褶皱，袖摆起吊，调整方法是将袖中线斜度调大。

三、爬领

后领翻折线抬高，翻领上升，使后领脚外露。原因是翻领松度小，前领翘势太高。调整方法加大翻领松度，减小前领翘势。

四、后领窝起涌

后领窝附近出现横向褶纹，原因是后领深过浅，后肩太窄，后肩斜度过大，调整方法是适当加深后直开领，加大后肩宽，将后肩斜度调小。

　　样板修正以后要对样板再进行复核，包括长度检查、拼合检查，加放即将投产原材料的回缩量。

流程四　样板缩放

一、基础样板的缩放

（一）前片和肩襻基础样板缩放

前片和肩襻基础样板各放码点计算公式和数值，如图7-63所示（括号内为放码点数值）。

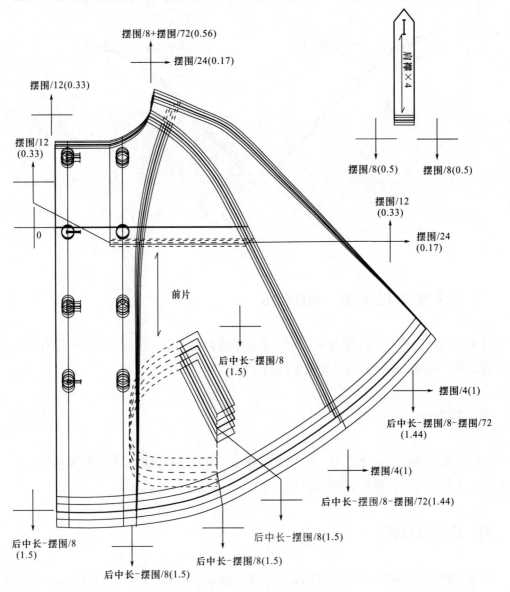

图7-63　前片和肩襻基础样板缩放

重点提示：前后片分别以前中线和前袖窿深线的交点、后中线和后袖窿深线的交点为坐标原点，摆围按 1/4 的比例缩放。

（二）后片和领片基础样板缩放

后片和领片基础样板各放码点计算公式，如图 7-64 所示（括号内为放码点数值）。

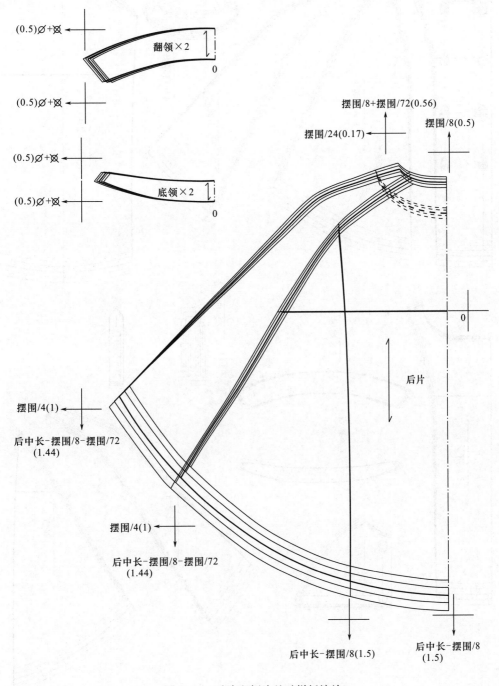

图 7-64　后片和领片基础样板缩放

二、前后片面料系列样板

各分割片取出后，前后片面料系列样板如图 7-65 所示。

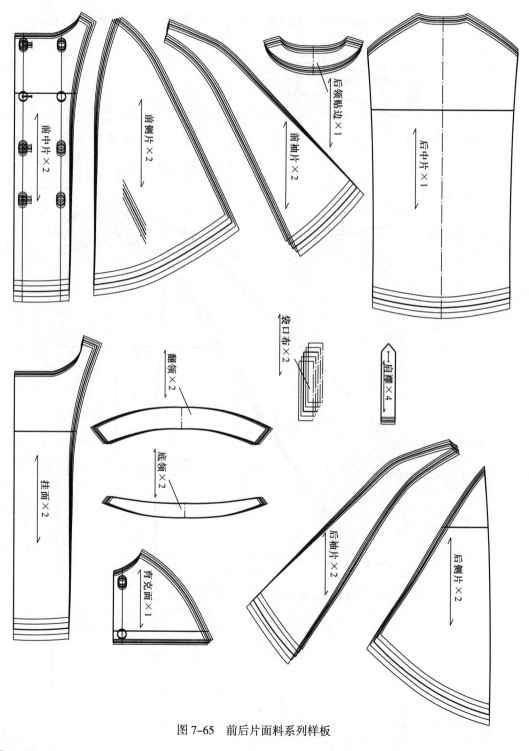

图 7-65　前后片面料系列样板

三、前后片里料系列样板

各分割片取出后，前后片里料系列样板如图 7-66 所示。

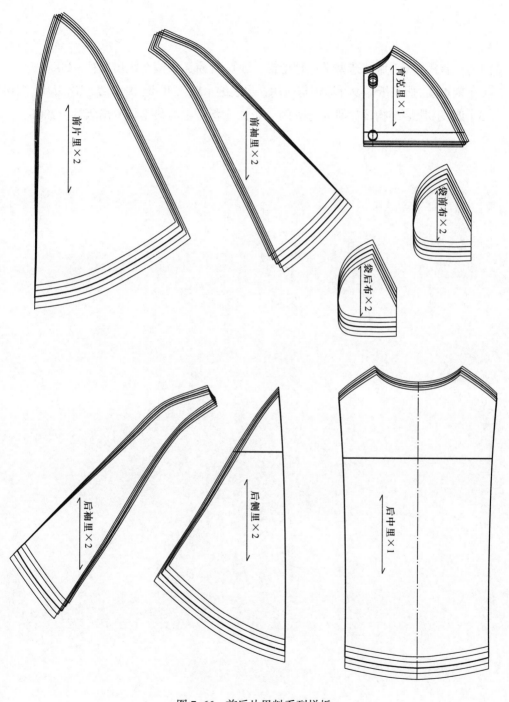

图 7-66　前后片里料系列样板

参考文献

［1］三吉满智子.服装造型学：理论篇［M］.北京：中国纺织出版社，2006.

［2］刘瑞璞.服装纸样设计原理与应用：男装编［M］.北京：中国纺织出版社，2009.

［3］谢良.服装结构设计研究与案例［M］.上海：上海科学技术出版社，2006.